# BENJAMIN GRAHAM
## E SPENCER B. MEREDITH

# A INTERPRETAÇÃO DAS DEMONSTRAÇÕES FINANCEIRAS

## O GUIA CLÁSSICO DE FINANÇAS DO INVESTIDOR INTELIGENTE

Tradução
Bruno Fiuza

RIO DE JANEIRO, 2024

Copyright © 1937 por Benjamin Graham e Spencer B. Meredith. Todos os direitos reservados.
Publicado mediante acordo com a HarperBusiness, um selo da HarperCollins Publishers.
Copyright da tradução © 2022 por Casa dos Livros Editora LTDA
Título original: *The Interpretation of Financial Statements*

Todos os direitos desta publicação são reservados à Casa dos Livros Editora LTDA.
Nenhuma parte desta obra pode ser apropriada e estocada em sistema de banco de dados ou processo similar, em qualquer forma ou meio, seja eletrônico, de fotocópia, gravação etc., sem a permissão do detentor do copyright.

Diretora editorial: *Raquel Cozer*
Gerente editorial: *Alice Mello*
Editores: *Lara Berruezo e Victor Almeida*
Assistência editorial: *Anna Clara Gonçalves e Camila Carneiro*
Copidesque: *Gregory Neres*
Revisão técnica: *Mauro Stopatto*
Revisão: *Anna Beatriz Seilhe e Rowena Esteves*
Capa: *Guilherme Peres*
Diagramação: *Abreu's System*

---

Dados Internacionais de Catalogação na Publicação (CIP)
(Câmara Brasileira do Livro, SP, Brasil)

Graham, Benjamin, 1894-1976
 A interpretação das demonstrações financeiras : o guia clássico de finanças do investidor inteligente /Benjamin Graham, Spencer B. Meredith ; introdução de Michael F. Price ; tradução Bruno Fiuza. – Rio de Janeiro, RJ : HarperCollins Brasil, 2022.

 Título original: The Interpretation of Financial Statements.
 ISBN 978-65-5511-279-5

 1. Demonstrações financeiras I. Meredith, Spencer B. II. Price, Michael F. III. Título.

22-98240                                                         CDD-657.3

Índices para catálogo sistemático:
1. Demonstrações financeiras : Contabilidade  657.3
Eliete Marques da Silva – Bibliotecária – CRB-8/9380

---

Os pontos de vista desta obra são de responsabilidade de seu autor, não refletindo necessariamente a posição da HarperCollins Brasil, da HarperCollins Publishers ou de sua equipe editorial.

HarperCollins Brasil é uma marca licenciada à Casa dos Livros Editora LTDA.
Todos os direitos reservados à Casa dos Livros Editora LTDA.
Rua da Quitanda, 86, sala 601A – Centro
Rio de Janeiro, RJ – CEP 20091-005
Tel.: (21) 3175-1030
www.harpercollins.com.br

# Sumário

Introdução ............................................................. 7

Prefácio ............................................................... 11

**PARTE I. Balanços patrimoniais e demonstrações de resultado** ............ 13

    I. Balanços patrimoniais em geral ............................. 15

    II. Débito e crédito ............................................... 17

    III. Totais de ativos e de passivos ............................. 21

    IV. Capital e excedente ......................................... 23

    V. Conta de propriedade ....................................... 25

    VI. Depreciação e exaustão .................................... 27

    VII. Investimentos não circulantes ............................. 29

    VIII. Ativos intangíveis ........................................... 31

    IX. Despesas pré-pagas ......................................... 33

    X. Encargos diferidos ........................................... 35

    XI. Ativos circulantes ............................................ 37

    XII. Passivos circulantes ........................................ 39

    XIII. Capital de giro .............................................. 40

    XIV. Índice de liquidez .......................................... 42

    XV. Estoque ..................................................... 45

    XVI. Contas a receber .......................................... 49

    XVII. Caixa ...................................................... 50

    XVIII. Notas a pagar ............................................ 52

XIX. Reservas ..................................................................................53
XX. Valor contábil ou participação acionária................................55
XXI. Cálculo do valor contábil .......................................................57
XXII. Valor contábil de títulos e ações ............................................59
XXIII. Outros itens do valor contábil................................................61
XXIV. Valor de liquidação e valor líquido do ativo circulante..........62
XXV. Potencial de rendimento ........................................................63
XXVI. Exemplo de demonstração de resultado de
um serviço público ..................................................................64
XXVII. Exemplo de demonstração de resultado de
uma companhia industrial ......................................................67
XXVIII. Exemplo de demonstração de resultado de
uma companhia ferroviária .....................................................69
XXIX. Cálculo de rendimentos .........................................................71
XXX. Manutenção e fator de depreciação........................................74
XXXI. A segurança dos juros e dos dividendos preferenciais .............76
XXXII. Tendências...............................................................................78
XXXIII. Preço e valor das ações ordinárias..........................................79
XXXIV. Conclusão................................................................................81

PARTE II. Análise de balanços patrimoniais e
demonstrações de resultado pelo método da análise de índices.................83

PARTE III. Definições de expressões e termos financeiros...........................95

# Introdução

Na primavera de 1975, pouco depois de eu dar início à minha carreira no Mutual Shares Fund, Max Heine me pediu para dar uma olhada em uma pequena cervejaria — a F&M Schaefer Brewing Company. Nunca vou me esquecer de olhar para o balanço e ver um patrimônio líquido de +/− US$ 40 milhões e mais US$ 40 milhões categorizados como "intangíveis". Eu disse a Max: "Parece barato. Está sendo negociado bem abaixo de seu patrimônio líquido... Uma clássica ação de valor!" Max respondeu: "Olhe de novo."

Eu procurei nas notas e nas demonstrações financeiras, mas elas não revelaram a origem do valor dos intangíveis. Liguei para o tesoureiro da Schaefer e disse: "Estou olhando para o seu balanço. Os US$ 40 milhões categorizados como intangíveis são referentes a quê?" Ele me respondeu: "Você não conhece o nosso jingle: *Schaefer is the one beer to have when you're having more than one*? [Schaefer é a única cerveja para se beber quando você vai tomar mais de uma?]"

Claro, aquela foi minha primeira análise de um ativo intangível que estava bastante supervalorizado, aumentava o valor contábil e mostrava ganhos maiores do que os que pareciam plausíveis para o ano de 1975. Tudo isso para manter o preço das ações da Schaefer mais alto do que deveria ser. Não compramos.

Hoje em dia, quantos jingles constam nos balanços? E qual seria o valor incluído no balanço por conta deles? Bilhões? Ou será que tudo mudou? Será que empresas como a Coca-Cola, a Philip Morris e a Gillette possuem enormes ativos "intangíveis" que elas alavancam no mundo todo e que nem mesmo constam nos seus balanços?

Este relançamento da clássica edição de 1937 de *A interpretação das demonstrações financeiras*, de Ben Graham e Spencer Meredith, chega na hora certa. Visto que nossas convenções contábeis foram e continuam inadequadas e estão sempre em constante mudança para acompanhar a evolução dos negócios, o estudo básico das demonstrações financeiras pelo investidor médio (empresários e professores, por exemplo) é mais importante do que nunca.

Em 1998, nós já estávamos há vinte anos vivendo uma enorme onda de fusões, em que a maioria das grandes empresas conhecidas adquiriu um ou mais negócios. Em consequência disso, foi ficando cada vez mais difícil ajustar com precisão as demonstrações financeiras dessas empresas. Atualmente, o Financial Accounting Standards Board[1] está estudando se deve eliminar o método contábil da comunhão de interesses nas aquisições; essa mudança aumentaria o valor do goodwill lançado nos balanços. A comunhão permite que uma empresa combine suas contas com as de uma empresa incorporada ou adquirida sem listar o goodwill. A comunhão também restringe as recompras de ações, enquanto o método contábil de compra (o outro método contábil de uma fusão ou aquisição) permite a recompra de ações e exige que o goodwill seja amortizado em um período não superior a quarenta anos. A exigência de lançamento do goodwill pode resultar em prêmios de aquisição e níveis de avaliação corporativa mais baixos.

O Wells Fargo e o First Interstate, dois bancos que se fundiram em 1996, usaram o método de compra, enquanto a recente fusão entre o Chase Manhattan Bank e o Chemical Bank usou o método de comunhão. Ao se examinar os resultados dessas fusões e de outras semelhantes, os métodos contábeis precisam ser interpretados adequadamente. Por exemplo, o Wells Fargo está usando o fluxo de caixa para recomprar ações mesmo depois de quase US$ 300 milhões por ano em amortização de goodwill, e agora relata "receitas de caixa", bem como receitas regulares após a amortização dos rendimentos por ação. Nós, do Mutual Shares, levamos mais em conta as "receitas de caixa" do que os rendimentos após a amortização do goodwill nos setores nos quais vemos muitos goodwills e muitas transações sendo criadas. A interpretação apurada dessas questões contábeis por parte dos investidores, somada a uma mudança de comportamento corporativo,

---

[1] Organização norte-americana sem fins lucrativos criada em 1973 para padronizar os procedimentos de contabilidade financeira de empresas não controladas pelo governo cotadas em bolsas de valores [N. do T.].

é a chave para acompanhar o ritmo acelerado do mercado hoje em dia. O princípio de Ben Graham de sempre retornar às demonstrações financeiras evitará que o investidor cometa grandes erros e, na ausência de grandes erros, o poder da composição assume o comando.

Quer você seja um discípulo de Ben Graham, um investidor em valor ou um investidor em crescimento ou *momentum*, há de concordar que o preço de uma ação deve estar relacionado às suas finanças. De vez em quando, os investidores ignoram números básicos como valor contábil, fluxo de caixa, juros e diversos índices que aumentam exponencialmente o valor das ações ordinárias. É particularmente comum que, durante períodos de opulência ou de cautela, os investidores se desviem dos métodos fundamentais de investimento bem-sucedido. Uma boa compreensão das finanças básicas deve manter os investidores focados e, assim, evitar erros custosos, além de ajudar a descobrir os valores ocultos de Wall Street.

As empresas contemporâneas são muito mais globais. Muitos de seus produtos distribuídos globalmente são resultado de décadas de pesquisa e de milhões de dólares investidos em promoções, mas elas não mencionam quaisquer itens intangíveis no balanço patrimonial, porque estão refletidos no preço de mercado. Mas quanto o mercado está disposto a pagar por uma marca, e por quê? O valor está relacionado aos fluxos de caixa que esses produtos conhecidos proporcionam? As empresas globais se tornaram muito boas em alavancar suas marcas. As companhias aéreas estão usando computadores para obter fatores de carga ideais. Sistemas de gestão de informação ajudam a produzir retornos sobre ativos jamais vistos. À medida que as empresas se globalizarem tanto diretamente quanto por meio de *joint ventures*, os verdadeiros valores das marcas comerciais vão tomando forma. Os investidores que recorrem às demonstrações financeiras serão capazes de determinar quanto o mercado está atribuindo aos intangíveis de "produto" e de "nome de marca".

A obra *A interpretação das demonstrações financeiras* foi publicada pela primeira vez em 1937, logo após a "Bíblia" de Ben Graham, *Security Analysis* [Análise de títulos, em tradução livre], em uma época em que os investidores estavam abandonando em massa o mercado de ações. Hoje, quando ocorre o oposto disso, os investidores precisam reforçar seu entendimento das demonstrações financeiras das empresas cujas ações eles detêm. Este manual conduz o leitor tanto pelo balanço (quanto uma empresa possui e quanto ela deve) quanto pela demonstração de resultados (o que ela ganha). Debates úteis sobre outros tipos de demonstração, sobre índices e um glossário dos termos usados com mais frequência também estão incluídos.

Demonstrações de lucros, relatórios anuais e comunicados relativos a encargos, reservas e atualização de lucros, para citar apenas alguns temas, ficarão mais claros com este livro em mãos. Todos os investidores, dos iniciantes aos experientes, têm a ganhar com o uso deste guia, assim como eu. Como disse Ben, no fim das contas você deve comprar suas ações como você escolhe seus mantimentos, não seu perfume. Concentre-se no básico — quanto está pagando pelo bife e quanto está pagando pelo sabor —, e não há como dar errado.

Com *A interpretação das demonstrações financeiras* sempre ao seu lado, tenho certeza de que você não vai se queimar.

Boa sorte ao investir,

*Michael F. Price*

# Prefácio

Este livro foi elaborado para permitir que você interprete as demonstrações financeiras de forma inteligente. Demonstrações financeiras se destinam a fornecer uma imagem precisa da condição e dos resultados operacionais de uma empresa de forma condensada. Todos que entram em contato com empresas e seus respectivos títulos acabam por ter que ler balanços e demonstrações de resultados. Espera-se que todo homem de negócios e investidor seja capaz de entender essas demonstrações corporativas. Para os corretores de ações em particular, a capacidade de analisar essas declarações é essencial. Quando você sabe o que os números significam, adquire-se uma base sólida para uma boa tomada de decisão nos negócios.

Nosso plano de ação é tratar constantemente dos elementos que aparecem em um balanço patrimonial típico e em uma demonstração de resultado. Nossa intenção é deixar claro o que significa um termo ou uma expressão em particular e, a seguir, fazer um breve comentário sobre seu significado de modo geral. Sempre que possível, oferecemos parâmetros ou testes simples que o investidor pode usar para determinar se o desempenho de uma empresa em um determinado aspecto é favorável ou não. Muito desse material pode parecer bastante elementar e, de fato, a análise das demonstrações financeiras é um assunto relativamente simples. No entanto, mesmo nos aspectos elementares desse tema existem peculiaridades e armadilhas que precisamos reconhecer e evitar.

É óbvio que o sucesso de um investimento depende, em última análise, de desdobramentos futuros, e o futuro nunca pode ser previsto com exatidão. Mas se você tiver informações precisas sobre a posição financeira atual de uma empresa e seu registro de ganhos anteriores, estará mais bem equipado para avaliar suas possibilidades futuras. E é nisto que consiste a função e o valor essenciais da análise de títulos.

O material a seguir é usado nos cursos de Análise de Títulos ministrados pelo New York Stock Exchange Institute. Ele foi projetado tanto como uma obra elementar, para o estudo independente, como uma introdução a uma abordagem mais aprofundada do tema. No New York Stock Exchange Institute, este material é empregado em conjunto com o texto mais avançado, *Security Analysis*, de Benjamin Graham e David L. Dodd.

Nova York<br>
2 de maio de 1937<br>
B.G.<br>
S.B.M.

# PARTE I

# BALANÇOS PATRIMONIAIS E DEMONSTRAÇÕES DE RESULTADO

# CAPÍTULO I
# BALANÇOS PATRIMONIAIS EM GERAL

Um balanço patrimonial mostra a situação de uma empresa em um determinado momento. Não existe um balanço que cubra o ano de 1936 por inteiro; ele pode dizer respeito apenas a uma única data, como, por exemplo, 31 de dezembro de 1936. Um único balanço pode dar algumas pistas sobre o passado da empresa, mas isso pode ser estudado de forma mais inteligente apenas nas demonstrações de resultado e por uma comparação de sucessivos balanços.

Um balanço patrimonial procura mostrar quanto uma empresa possui e quanto ela deve. O que ela possui (bens e direitos) é exibido na coluna do ativo; o que ela deve (obrigações) é exibido na coluna do passivo. Os ativos consistem nas propriedades físicas da empresa (bens), no montante que ela detém ou investiu, e no montante que é devido à empresa (direitos). Às vezes constam também ativos intangíveis, como o goodwill, aos quais frequentemente são atribuídos valores arbitrários. A soma desses itens compõe o total de ativos da empresa, apresentado na parte inferior do balanço.

Na coluna do passivo são mostrados não apenas as dívidas da empresa, mas também reservas de vários tipos e o patrimônio líquido ou a participação acionária dos acionistas. As dívidas contraídas no curso normal do negócio constam como contas a pagar. Os empréstimos mais formais são listados como títulos ou notas em circulação. As reservas, como será mostrado mais adiante, podem às vezes ser equivalentes a dívidas, mas frequentemente são de um caráter diferente.

A participação dos acionistas consta na coluna do passivo como patrimônio líquido. Costuma-se dizer que esses itens aparecem como passivos porque representam dinheiro devido pela empresa a seus acionistas. Talvez seja mais apropriado considerar a participação dos acionistas como uma mera representação da *diferença* entre ativos e passivos, que é colocada na coluna do passivo por conveniência, para equilibrar os dois lados.

Em outras palavras, um balanço patrimonial da seguinte forma:

| **Bens** | $ 5.000.000 | **Passivos** | $ 4.000.000 |
|---|---|---|---|
| | | **Patrimônio líquido** | $ 1.000.000 |
| | $ 5.000.000 | | $ 5.000.000 |

Na verdade, significa:

| **Bens** | $ 5.000.000 |
|---|---|
| **Obrigações** | $ 4.000.000 |
| **Patrimônio líquido** | $ 1.000.000 |

O total de ativos e o total de passivos são, portanto, sempre idênticos em um balanço patrimonial, porque o valor do item patrimônio líquido é o valor necessário para equilibrar os dois lados.

# CAPÍTULO II
# DÉBITO E CRÉDITO

A compreensão das demonstrações financeiras fica mais fácil quando se tem uma breve noção dos métodos de contabilidade nos quais se baseiam. A escrituração, a contabilidade e as demonstrações financeiras são todas baseadas nos conceitos de débito e crédito.

Um lançamento que aumenta uma conta de ativo é chamado de débito ou encargo. De forma análoga, um lançamento que diminui uma conta de passivo também é chamado de débito ou encargo.

Um lançamento que aumenta uma conta de passivo é chamado de crédito. De forma análoga, um lançamento que diminui uma conta de ativo é chamado de crédito.

Uma vez que o capital e as várias formas de lucro são contas de passivo, os lançamentos que aumentam essas contas são chamados de créditos, e os que diminuem essas contas são chamados de débitos.

Os livros contábeis são mantidos pelo chamado "método das partidas dobradas", em que cada lançamento de débito é acompanhado por um lançamento de crédito correspondente. Portanto, os livros são sempre mantidos em equilíbrio, o que significa que o total das contas do ativo sempre é igual ao total das contas do passivo.

As operações corriqueiras de uma empresa envolvem várias contas de receitas e despesas, como vendas, folha de pagamento etc., que não aparecem no balanço patrimonial. Essas contas operacionais ou intermediárias são transferidas (ou "encerradas"), ao fim do período, para a demonstração de resultado ou para a demonstração de lucros e perdas (que é o nome dado à conta de resultado que reflete os resultados operacionais, dividendos etc.). Como os lançamentos de receita são equivalentes a adições ao resultado, eles aparecem como contas de crédito ou de passivo. Os lançamentos de despesas, que são equivalentes a deduções no resultado, aparecem como contas de débito ou de ativo.

Um "balancete" mostra todas as diversas contas conforme constam nos livros antes que as contas intermediárias ou operacionais sejam encerradas em lucros e perdas. O total de todos os saldos de débito deve ser igual ao total de todos os saldos de crédito.

O estudo de caso simplificado a seguir pode ser útil para ilustrar como as operações de uma empresa são registradas nos livros, refletem-se no balancete e, por fim, são absorvidas pelo balanço patrimonial. (Não se espera que a contabilidade corporativa possa ser tratada adequadamente dentro dos limites desta apresentação. Portanto, o leitor pode desejar substituir ou complementar o material a seguir pela referência a algum livro didático padrão sobre contabilidade.)

No início do período, a empresa X apresentava o seguinte balanço:

| | | | |
|---|---|---|---|
| **Caixa** | $ 3.000 | **Capital social** | $ 5.000 |
| **Estoque** | $ 4.000 | **Resultado de lucros e perdas** | $ 2.000 |
| | $ 7.000 | | $ 7.000 |

No livro-razão (no qual as contas são mantidas), do qual o balanço patrimonial acima foi retirado, constaria da seguinte forma:

| Caixa | | Estoque | | Capital social | | Resultado de lucros e perdas | |
|---|---|---|---|---|---|---|---|
| Débito | Crédito | Débito | Crédito | Débito | Crédito | Débito | Crédito |
| $ 3.000 | | $ 4.000 | | | $ 5.000 | | $ 2.000 |

Durante o referido período, a empresa vende a crédito por $ 3.000 mercadorias cujo custo é de $ 1.800, e incorre em diversas despesas, pagas em dinheiro, no total de $ 500.

Os lançamentos originais, que são feitos no "diário", são os seguintes:

| | | | |
|---|---|---|---|
| **Déb. contas a receber** | $ 3.000 | **Créd. vendas** | $ 3.000 |
| **Déb. custo dos bens vendidos**[2] | $ 1.800 | **Créd. estoque** | $ 1.800 |
| **Déb. despesas (itens diversos)** | $ 500 | **Créd. caixa** | $ 500 |

---

[2] O custo dos bens vendidos é calculado se subtraindo o estoque de fechamento do estoque de abertura mais compras.

Ao fim do período, os lançamentos acima são transferidos para o livro-razão, no qual aparecerão da seguinte forma:

| Caixa | | Estoque | | Contas a receber | | Vendas | |
|---|---|---|---|---|---|---|---|
| Débito | Crédito | Débito | Crédito | Débito | Crédito | Débito | Crédito |
| $ 3.000 | $ 500 | $ 4.000 | $ 1.800 | $ 3.000 | | | $ 3.000 |
| | $ 2.500 (p/ o balanço) | | $ 2.200 (p/ o balanço) | | | | |
| $ 3.000 | $ 3.000 | $ 4.000 | $ 4.000 | | | | |
| $ 2.500 | | $ 2.200 | | | | | |

| Custo dos bens vendidos | Despesas | Capital social | Resultado de lucros e perdas |
|---|---|---|---|
| $ 1.800 | $ 500 | $ 5.000 | $ 2.000 |

Do acima exposto, seria extraído o seguinte balancete:

| | | | |
|---|---|---|---|
| **Caixa** | $ 2.500 | **Capital social** | $ 5.000 |
| **Estoque** | $ 2.200 | **Resultado de lucros e perdas** | $ 2.000 |
| **Contas a receber** | $ 3.000 | **Vendas** | $ 3.000 |
| **Custo dos bens vendidos** | $ 1.800 | | $ 10.000 |
| **Despesas** | $ 500 | | |
| | $ 10.000 | | |

As contas operacionais são então "encerradas" em lucros e perdas por meio dos seguintes lançamentos de transferência:

| | | | |
|---|---|---|---|
| **Déb. vendas** | $ 3.000 | **Créd. lucros e perdas** | $ 3.000 |
| **Déb. lucros e perdas** | $ 1.800 | **Créd. custo dos bens vendidos** | $ 1.800 |
| **Déb. lucros e perdas** | $ 500 | **Créd. despesas** | $ 500 |

Deve-se observar que isso resulta em um aumento líquido de $ 700 no resultado de lucros e perdas, o que representa o lucro no período. Esses lançamentos eliminam as contas operacionais. Agora constará o seguinte no livro-razão:

| Caixa | | Estoque | | Contas a receber |
|---|---|---|---|---|
| $ 3.000 | $ 500 | $ 4.000 | $ 1.800 | $ 3.000 |
| | $ 2.500 | | $ 2.200 | |
| | (p/ o balanço) | | (p/ o balanço) | |
| $ 3.000 | $ 3.000 | $ 4.000 | $ 4.000 | |
| $ 2.500 | | $ 2.200 | | |

| | Vendas | | Custo dos bens vendidos | | | Despesas | |
|---|---|---|---|---|---|---|---|
| Para lucros e perdas | $ 3.000 | $ 3.000 | $ 1.800 | $ 1.800 | Para lucros e perdas | $ 500 | $ 500 |
| | $ 3.000 | $ 3.000 | $ 1.800 | $ 1.800 | | $ 500 | $ 500 |

| Capital social | Resultado de lucros e perdas | | |
|---|---|---|---|
| $ 5.000 | (do custo dos bens vendidos) | $ 1.800 | $ 2.000 |
| | (das despesas) | $ 500 | $ 3.000 (das vendas) |
| | P/ o balanço | $ 2.700 | |
| | | $ 5.000 | $ 5.000 |
| | | | $ 2.700 |

A partir do livro-razão acima, teríamos então o seguinte balanço patrimonial, representando a condição da empresa no fechamento do período em questão:

| Ativos | | Passivos | |
|---|---|---|---|
| **Caixa** | $ 2.500 | **Capital social** | $ 5.000 |
| **Estoque** | $ 2.200 | **Resultado de lucros e perdas** | $ 2.700 |
| **Contas a receber** | $ 3.000 | | |
| | $ 7.700 | | $ 7.700 |

# CAPÍTULO III
# TOTAIS DE ATIVOS E DE PASSIVOS

Os totais de ativos e de passivos que constam no balanço patrimonial fornecem apenas uma indicação aproximada do tamanho da empresa. Os totais do balanço patrimonial podem estar inflados por valores excessivos atribuídos a ativos intangíveis e, em muitos casos, os ativos fixos também são registrados em valores extremamente exagerados. Por outro lado, descobrimos que, na maioria das empresas sólidas, o goodwill, que constitui um de seus ativos mais importantes, nem mesmo aparece no balanço patrimonial, ou é fornecido apenas por uma avaliação nominal (geralmente $ 1). Recentemente, desenvolveu-se uma nova prática de reduzir os ativos fixos (ou conta da planta) a praticamente nada, a fim de poupar nos encargos de depreciação. Portanto, é um fato comum descobrir que o valor real dos ativos de uma empresa é completamente diferente do total que consta no balanço patrimonial.

O tamanho de uma empresa pode ser medido por seus ativos ou a partir de suas vendas. Em ambos os casos, o significado da cifra é inteiramente relativo, e deve ser avaliado em consonância ao contexto da respectiva indústria. Os ativos de uma pequena companhia ferroviária excederão os de uma loja de departamentos de tamanho razoável. Do ponto de vista do investimento — especialmente do comprador de títulos de alto grau de classificação ou de ações preferenciais —, pode ser bom atribuir uma importância considerável às de maior porte. Isso seria particularmente válido no caso de empresas industriais, pois, nesse campo, uma empresa de pequeno porte está mais sujeita a adversidades repentinas do que uma companhia ferroviária ou um prestador de serviços públicos. Quando as compras são feitas com o objetivo de lucro especulativo, ou de ganhos de capital de longo prazo, não é tão essencial insistir nas de maior porte, pois há inúmeros exemplos de empresas menores prosperando mais do que as grandes. Afinal, justamente essas grandes empresas representavam as melhores oportunidades especulativas quando ainda eram comparativamente pequenas.

# CAPÍTULO IV
# CAPITAL E EXCEDENTE

De acordo com o que foi dito anteriormente, a participação dos acionistas no negócio, conforme consta nos livros contábeis, é representada pelo capital e pelo excedente. No caso mais simples, que antigamente era o padrão, o dinheiro injetado pelos acionistas é designado como capital, e os lucros não desembolsados como dividendos constituem o excedente. O capital é representado pelas ações, às vezes de apenas um tipo ou classe, às vezes de vários tipos, geralmente divididas em preferenciais e ordinárias. Outros títulos também entraram em vigor — como classe A ou classe B, ações diferidas, partes beneficiárias etc. Os direitos e as limitações dos diferentes tipos de ações não podem ser inferidos com precisão a partir de seus nomes, mas estas definições devem constar no estatuto de emissões, que por sua vez é resumido nos manuais dos investidores ou em outros registros estatísticos e livros de referência.

As ações podem ter um determinado valor nominal ou serem sem valor nominal. Novamente, no caso mais simples, o valor nominal mostra quanto capital foi integralizado para cada ação pelos subscritores originais das ações. Uma empresa com um milhão de ações de $ 100 de valor nominal supostamente representaria um investimento muito maior do que outra empresa com um milhão de ações de $ 5 de valor nominal. No entanto, na estrutura corporativa moderna, nem o valor nominal de cada ação nem o valor total em dólares do capital social podem ser de forma alguma informativos. O valor do capital frequentemente é declarado bem abaixo do valor real pago pelos acionistas, sendo o saldo da contribuição deles declarado como alguma forma de excedente. As próprias ações podem não ter valor nominal, o que teoricamente significa que elas não representam uma quantia específica de contribuição em dinheiro, mas sim certo interesse fracionário no patrimônio líquido total. Em muitos casos, hoje em dia são arbitrariamente atribuídos baixos valores nominais às ações, principalmente para reduzir os impostos de incorporação e de transferência.

Essas várias práticas podem ser ilustradas supondo que os acionistas de uma empresa paguem $ 10.000.000 em troca de 100.000 ações do capital social. De acordo com o procedimento anterior, sem dúvida teria sido atribuído um valor nominal de $ 100 às ações e o balanço patrimonial teria mostrado o seguinte:

Capital — 100.000 ações, valor nominal $ 100 ... $ 10.000.000

Mais recentemente, as ações podem não ter recebido nenhum valor nominal, e o lançamento seria:

Capital — 100.000 ações, sem valor nominal.
Valor declarado ... $ 10.000.000

Ou, então, os incorporadores podem ter decidido arbitrariamente declarar um valor menor de capital, digamos, metade do valor pago. Nesse caso, os lançamentos seriam:

Capital — 100.000 ações, sem valor nominal.
Valor declarado ... $ 5.000.000
Excedente de capital (ou capital integralizado) ... $ 5.000.000

O ajuste mais "moderno" seria conferir às ações um valor nominal arbitrariamente baixo, digamos, de $ 5. Portanto, veríamos a seguinte configuração peculiar de balanço:

Capital — 100.000 ações, valor nominal $ 5 ... $ 500.000
Excedente de capital ... $ 9.500.000

Nos balanços atuais, portanto, a divisão entre capital e excedente pode não fazer sentido. Para a maioria dos propósitos de análise, é melhor reunir o capital e os diferentes tipos de excedente, atribuindo um único valor à participação total dos acionistas.

# CAPÍTULO V
## CONTA DE PROPRIEDADE

A conta de propriedade de uma empresa engloba terrenos, edifícios, equipamentos de todos os tipos e mobiliário de escritório. Esses itens são frequentemente chamados de "ativos fixos", embora muitos sejam bastante móveis, como locomotivas, embarcações, pequenas ferramentas etc. Antigamente era costume listar a conta de propriedade no topo da coluna do ativo no balanço patrimonial, mas agora se tornou prática recorrente listar primeiro o caixa e outros ativos circulantes, e deixar os ativos fixos na parte inferior. A proporção do total de ativos arrolados na conta de propriedade varia amplamente entre diferentes tipos de negócio. A conta de propriedade de uma companhia ferroviária é bem grande, enquanto a de uma empresa de patentes farmacêuticas pode responder por apenas uma pequena parte dos ativos totais. Por exemplo, a conta de propriedade da Atchison, Topeka & Santa Fe Railway representa mais de 88% do total de ativos, enquanto a da Lambert Company é inferior a 15% do total de ativos.

A prática contábil vigente exige que os ativos sejam declarados pelo seu custo real, ou pelo seu valor justo, caso este seja nomeadamente inferior ao custo. Se um ativo nomeadamente vale mais do que o seu custo, ele pode ser reavaliado pelo valor mais alto. Normalmente, é uma questão difícil determinar o valor justo dos ativos fixos, pois raramente existe um mercado à disposição para eles. Portanto, a maioria das empresas regularmente declara sua conta de propriedade ao custo, independentemente se isso representa ou não seu valor justo no momento da demonstração. Em alguns casos, no entanto, a conta de propriedade é reavaliada a partir de uma determinada data e, portanto, pode passar a constar no balanço patrimonial por um valor menor ou maior do que o custo.

Em alguns casos, também, valores arbitrários foram atribuídos aos ativos fixos — valores que possuem pouca relação com o custo real de seu valor justo subsequente. Por exemplo, a conta de propriedade da United States Steel Corporation foi originalmente inflada em uma cifra superior a US$ 600.000.000. Isso deu às ações ordinárias um valor contábil fictício, que obviamente excedia em muito seu preço inicial de mercado. A expressão "ação inflada" era comumente aplicada a esse tipo de capitalizações exageradas. (Posteriormente, a maior parte da "inflação" foi baixada da conta de propriedade da United States Steel por vários tipos de encargos especiais contra ganhos e excedentes.) É claro que os valores pelos quais os ativos fixos são declarados não devem ser levados muito a sério. A falta de confiabilidade nesses lançamentos de fato impeliu a opinião pública para o outro extremo, e percebe-se que os compradores de títulos em geral agora praticamente não dão atenção à conta da propriedade e prestam relativamente pouca atenção ao balanço como um todo, exceto no que diz respeito à posição do capital de giro. A ênfase preponderante agora é colocada na demonstração de rendimentos. Sugerimos que a conta da propriedade não seja nem aceita pelo valor nominal nem totalmente ignorada, mas que se dê uma atenção razoável a ela no momento da avaliação dos títulos da empresa.

# CAPÍTULO VI
## DEPRECIAÇÃO E EXAUSTÃO

Todos os ativos fixos, exceto os terrenos, estão sujeitos a uma perda gradual de valor decorrente do uso e do passar do tempo. A provisão feita para essa perda de valor recebe nomes como depreciação, obsolescência, exaustão e amortização. A depreciação se aplica ao desgaste normal de edifícios e equipamentos. O encargo de depreciação a ser registrado a cada ano se baseia no valor do imóvel (geralmente calculado ao custo), em sua vida útil esperada e no valor residual ou no valor de sucata quando ele for definitivamente prescrito.

Exemplo: se o maquinário tiver sido instalado a um custo de $ 100.000, com uma vida útil esperada de seis anos e um valor residual final esperado de $ 10.000, a taxa de depreciação anual seria 1/6 de $ 90.000 ($ 100.000,00 menos $ 10.000). Isso dá $ 15.000, correspondente ao encargo de depreciação anual.

Equipamentos de setores industriais nos quais inovações ou melhorias aparecem com frequência se tornam obsoletos em pouco tempo, embora ainda possam ser úteis. Assim, em setores como o automobilístico e o químico, um encargo de obsolescência pode ser apropriadamente acrescentado à já esperada depreciação. Nesses casos, geralmente é atribuído um único valor para os dois itens.

As taxas de depreciação usuais para os principais tipos de propriedade incluem: edifícios 2% a 5%; maquinário 7% a 20%; móveis e utensílios de 10% a 15%; automóveis e caminhões 20% a 25% etc.

A provisão para depreciação do ano consta como um encargo ou uma dedução na demonstração de resultado. Ela também aparece no balanço patrimonial como um acréscimo à reserva acumulada para depreciação. A reserva de depreciação pode ser declarada como uma dedução direta dos ativos fixos, do lado esquerdo, ou como uma conta de compensação na coluna do passivo.

O custo original ou ajustado da propriedade, sem provisão para depreciação, é chamado de valor bruto. Esse custo menos a depreciação acumulada é chamado de valor líquido. Quando a propriedade é prescrita, seu valor bruto é deduzido da conta de propriedade e a depreciação acumulada até o momento é retirada da reserva de depreciação. Isso explica por que a reserva de depreciação no balanço patrimonial não aumenta a cada ano no valor total provisionado para depreciação contra lucros. Se a propriedade for prescrita antes de ter sido totalmente depreciada, ocorre uma "perda em propriedade prescrita" que é cobrada contra o excedente (e não contra os ganhos do ano corrente).

A exaustão é uma provisão semelhante à depreciação feita para cobrir o valor dos recursos naturais extraídos do solo. É encontrada em empresas de mineração, petróleo e gás natural. Os encargos de exaustão estão sujeitos a vários aspectos técnicos jurídicos e contábeis. Portanto, é muito difícil determinar se os encargos de exaustão que constam em uma demonstração são justos do ponto de vista do investidor em ações. Um debate completo sobre encargos de depreciação e de exaustão foge ao escopo deste livro. Algo será dito, no entanto, a respeito de encargos excessivos e inadequados nas seções posteriores dedicadas à demonstração de resultado (Capítulo XXX).

Os valores atribuídos aos encargos de exaustão podem ser pagos aos acionistas a cada ano como parte dos dividendos. Esses pagamentos são tecnicamente designados como "retorno de capital" e, como tal, não seriam tributáveis ao acionista como receita.

# CAPÍTULO VII
# INVESTIMENTOS NÃO CIRCULANTES

Muitas empresas detêm investimentos significativos em outras empresas, na forma de títulos ou de adiantamentos. Alguns desses investimentos são do mesmo tipo que os efetuados pelo comprador normal de valores mobiliários, ou seja, de títulos e ações negociáveis detidos para rendimento ou para lucro do mercado e que podem ser vendidos a qualquer momento. Geralmente, esses investimentos são listados entre os ativos circulantes como "títulos negociáveis".

No entanto, outros investimentos são feitos para fins relacionados aos negócios da empresa. Eles consistem em ações ou títulos de empresas afiliadas ou subsidiárias, empréstimos ou adiantamentos feitos a elas. O balanço patrimonial consolidado exclui os títulos detidos de subsidiárias *integrais*, incluindo, em vez disso, os ativos e os passivos reais das subsidiárias como se fossem parte da empresa-mãe. Mas as subsidiárias e as afiliadas de empresas *parcialmente controladas* podem aparecer até mesmo nos balanços patrimoniais consolidados sob o título de "investimentos não circulantes e adiantamentos".

Geralmente, esses itens são declarados no balanço patrimonial ao custo, embora sejam reduzidos por reservas constituídas contra eles e, em alguns poucos casos, aumentados para representar os lucros acumulados. É difícil estimar o verdadeiro valor desses investimentos. Quando o balanço patrimonial dá a impressão de que esses itens são de certo modo importantes, deve ser feito um esforço especial para obter informações adicionais a respeito deles.

Alguns investimentos ficam a meio caminho entre títulos negociáveis ordinários e o costumeiro compromisso permanente não negociável com uma empresa relacionada. Este tipo intermediário é ilustrado pelas enormes participações da DuPont na General Motors, ou pelo grande investimento da Union Pacific nos títulos de várias outras companhias ferroviárias. Essas participações constarão entre os ativos diversos e não no ativo circulante, uma vez que as empresas as consideram como investimentos permanentes; mas, dependendo da finalidade (por exemplo, para calcular os ativos líquidos disponíveis por ação), é permitido considerá-las como equivalente a títulos prontamente negociáveis.

# CAPÍTULO VIII
## ATIVOS INTANGÍVEIS

Ativos intangíveis, como o nome indica, são aqueles que não podem ser tocados, pesados nem medidos. Os intangíveis mais comuns são o goodwill, as marcas registradas, as patentes e os arrendamentos. De algum modo distinto do conceito de goodwill propriamente dito está o conceito de valor de aviamento — o caráter especial de geração de lucros que se vincula a uma empresa bem estabelecida e bem-sucedida. Marcas registradas e reputação constituem um tipo bastante bem-definido de goodwill e geralmente são consideradas como parte do panorama de goodwill. Um investidor deve saber distinguir muito bem entre o goodwill como aparece — ou, com mais frequência, como não aparece — no balanço e o goodwill como é medido e refletido pelo preço de mercado dos títulos da empresa.

O tratamento que o goodwill recebe no balanço patrimonial varia de forma extraordinária entre diferentes empresas. A prática mais comum hoje em dia é não mencionar esse ativo de forma alguma, ou atribuir a ele a cifra nominal de US$ 1. Em alguns casos, o goodwill foi realmente adquirido a um valor definido, por meio da compra dos antigos proprietários do negócio, o que torna viável declará-lo ao custo da mesma maneira que outros ativos. Com mais frequência, o goodwill é lançado originalmente nos livros a algum valor arbitrário, que mais provavelmente excede do que subestima seu valor justo naquele momento.

A tendência moderna é não atribuir nenhum valor ao goodwill no balanço patrimonial. Muitas empresas que começaram com um goodwill substancial reduziram esse valor para US$ 1, fazendo deduções correspondentes em seus excedentes ou mesmo em suas contas de capital.

Essa baixa do goodwill não significa que ele de fato valha menos do que antes, apenas que a administração decidiu ser mais conservadora em sua política contábil. Esse tópico ilustra uma das muitas contradições na contabilidade corporativa. Na maioria dos casos, sua baixa ocorre depois que a posição da empresa apresenta uma melhora. Mas isso significa que o goodwill, na prática, é consideravelmente mais valioso do que no início.

Um exemplo disso é a F. W. Woolworth Co.

Quando as ações ordinárias da Woolworth foram vendidas ao público pela primeira vez, a empresa avaliava seu goodwill em US$ 50.000.000 no balanço patrimonial. No entanto, o preço de mercado das ações naquela época indicava que ele valia apenas US$ 20.000.000. Muitos anos depois, a empresa o reduziu (em várias parcelas) para US$ 1, descontando os US$ 50.000.000 por meio de baixas contra o excedente acumulado. Mas, quando a última baixa foi feita, em 1925, o preço de mercado das ações indicava que o público avaliava o goodwill em mais de US$ 300.000.000.

As patentes constituem uma forma um tanto mais bem-definida de ativo do que o goodwill. Mas é extremamente difícil determinar qual é o valor real ou justo de uma patente em um determinado momento, em especial porque raramente sabemos até que ponto o potencial de rendimento da empresa depende de alguma patente por ela controlada. O valor pelo qual as patentes são contabilizadas no balanço patrimonial raramente oferece qualquer pista útil sobre seu verdadeiro valor.

O item "arrendamento" deve representar o valor em dinheiro dos arrendamentos de longo prazo mantidos em condições vantajosas — ou seja, aluguéis a preços mais baixos do que os de espaços semelhantes. No entanto, em um período de queda no valor das propriedades imobiliárias, os arrendamentos de longo prazo têm a mesma probabilidade de se tornarem passivos ou ativos, e o investidor deve ter muito cuidado na hora de tomar por válida qualquer avaliação que lhes seja atribuída.

Em geral, pode-se dizer que pouco ou nenhum peso deve ser dado às cifras pelas quais os ativos intangíveis constam no balanço patrimonial. Esses intangíveis podem ter um valor bem grande, mas é a demonstração de resultado, e não o balanço, que oferece a pista para esse valor. Em outras palavras, é o potencial de rendimento desses intangíveis, não o valor atribuído no balanço, que realmente conta.

# CAPÍTULO IX
# DESPESAS PRÉ-PAGAS

Com frequência, uma empresa paga adiantado por um serviço que receberá durante um determinado período. Por exemplo, ela pode alugar um prédio e pagar $ 50.000 adiantado por um ano de contrato. No balanço do início do ano, ela mostraria esses $ 50.000 como um ativo — aluguel pré-pago. Então, a cada mês, ela deduziria um duodécimo desse valor dos ganhos excedentes do respectivo mês, e abateria um valor correspondente do valor do aluguel pré-pago. Assim, no final do ano, o aluguel pré-pago de $ 50.000 teria sido reduzido a zero, e esse item não constaria no balanço patrimonial naquele momento. Um balanço patrimonial elaborado no meio do ano poderia mostrar: aluguel pré-pago ... $ 25.000.

Da mesma forma, a empresa pode pagar antecipadamente os juros sobre o dinheiro que pediu emprestado por um determinado período. O valor total dos juros pré-pagos constaria no balanço patrimonial no início do período e seria gradualmente abatido durante o tempo em que a empresa fizesse uso do dinheiro emprestado. Eventualmente, impostos e salários são pagos antecipadamente, e esses itens são tratados da mesma forma. Um contrato de $ 40.000 em publicidade ao longo do ano de 1937 pode ser assinado e pago antecipadamente. O balanço patrimonial de 31 de dezembro de 1936 mostraria esses $ 40.000 como despesas de publicidade pré-pagas. Essas despesas seriam gradualmente abatidas ao longo de 1937. A maioria das empresas mantém algum tipo de seguro, cujos prêmios, é claro, são pagos antecipadamente. Este seguro pré-pago consta no balanço pelo valor total no início do período coberto pelo seguro, e vai sendo reduzido a zero ao longo do período coberto pelo prêmio.

Normalmente, o balanço de uma grande empresa mostra os diversos itens pré-pagos agrupados em uma única cifra, como pré-pagamentos ou despesas pré-pagas. Em razão da natureza das despesas pré-pagas, é possível perceber de imediato que elas não podem atingir mais do que uma pequena proporção do total de ativos da empresa. O item despesas pré-pagas tem pouca importância na análise do balanço, exceto pelo fato de que dá algumas informações sobre como os negócios da empresa são conduzidos.

# CAPÍTULO X
# ENCARGOS DIFERIDOS

Com frequência, uma empresa assume despesas que prefere amortizar ao longo de um determinado período, em vez de deduzi-las de imediato dos ganhos excedentes. Essas despesas constam na coluna do ativo do balanço patrimonial como encargos diferidos. À primeira vista, os encargos diferidos e as despesas pré-pagas são bastante semelhantes. Na prática, as despesas pré-pagas são um tipo especial de encargo diferido, em que (1) a empresa tem o direito legal de usufruir do serviço pago antecipadamente e (2) o encargo é abatido durante o tempo especificado de duração do serviço. No entanto, os encargos diferidos de modo geral não incluem qualquer direito legal de usufruto do serviço pelo qual a despesa foi contraída, e são amortizados no ritmo determinado pelos rendimentos da empresa. Por exemplo, a empresa que pagou o aluguel de US$ 50.000 adiantado (Capítulo IX) também incorreu em despesas de US$ 15.000 para se mudar para o novo edifício. Em vez de deduzir essas despesas de mudança dos ganhos do mês da mudança física, elas podem constar um encargo diferido a ser abatido ao longo do tempo. A empresa estará usufruindo do benefício dessas despesas de mudança enquanto permanecer no novo prédio e, portanto, a administração pode decidir abatê-las gradualmente.

As despesas incorridas na abertura de uma nova empresa geralmente são configuradas como um encargo diferido: despesas de abertura. Da mesma forma, as despesas de emissão de títulos — particularmente a diferença (desconto) entre o valor nominal e o valor recebido pela empresa — podem ser apresentadas como um encargo diferido, intitulado desconto de títulos não amortizados. O último item seria então amortizado gradualmente ao longo da vida do título. (Em muitos casos, entretanto, todo o desconto do título é debitado imediatamente do excedente ou então o desconto restante pode ser abatido em algum momento arbitrário.) As práticas em relação à baixa de outros encargos diferidos variam enormemente.

Esses encargos diferidos, embora apresentados na coluna do ativo no balanço, não são ativos tangíveis. Na verdade, os encargos diferidos (com exceção das despesas pré-pagas) são quase tão intangíveis quanto o goodwill.

# CAPÍTULO XI
# ATIVOS CIRCULANTES

Os ativos circulantes são aqueles que podem ser imediatamente convertidos em dinheiro ou que, no decorrer dos negócios, tendem a ser convertidos em dinheiro em um prazo razoavelmente curto. (O limite geralmente estabelecido é de um ano.) Às vezes, eles são chamados de ativos líquidos, rápidos ou flutuantes. Os ativos circulantes se dividem em três amplas categorias: (1) caixa e ativos de liquidez imediata; (2) contas a receber, ou seja, dinheiro que é devido à empresa pelos bens ou serviços vendidos; e (3) estoques mantidos para venda ou para fins de conversão em bens ou serviços a serem vendidos. Na operação da empresa, esses ativos se transformam gradualmente em dinheiro. Por exemplo, em um balanço patrimonial posterior, o estoque atual terá se tornado caixa e contas a receber, enquanto as contas a receber provavelmente terão se tornado dinheiro. Os ativos circulantes são apresentados no balanço patrimonial na ordem relativa de sua liquidez.

Para exemplificar de forma um pouco mais detalhada, elaboramos a lista de itens de ativos circulantes a seguir, agrupados por conveniência nas três categorias mencionadas.

(1) *Caixa e ativos de liquidez imediata.*
- Dinheiro em espécie ou no banco (incluindo certificados de depósito)
- Empréstimos sem prazo ⎫
- Empréstimos a prazo ⎬ (garantidos por títulos negociáveis)
- Títulos governamentais e municipais
- Outros títulos negociáveis
- Depósitos especiais
- Valor de resgate em dinheiro de apólices de seguro

(2) *Contas a receber.*
- Contas a receber
- Notas a receber
- Juros a receber
- Dívidas de agentes
- Serviços não mensurados (serviços públicos)

(3) *Estoques.*
- Bens acabados (vendáveis)
- Trabalho em andamento (conversível)
- Materiais e suprimentos (consumíveis)

Determinados tipos de contas a receber podem ser relativamente não circulantes — por exemplo, valores devidos por executivos e funcionários, incluindo subscrições de ações. Se essas contas não forem recebidas pela empresa no prazo de um ano, são apresentadas separadamente do ativo circulante.

Por outro lado, é comum que seja incluído no ativo circulante o valor total das contas a receber parceladas, ainda que boa parte tenha vencimento um ano após a data do balanço. Da mesma forma, todo o estoque de mercadorias é incluído no ativo circulante, embora alguns dos itens possam ser de baixo giro.

# CAPÍTULO XII
## PASSIVOS CIRCULANTES

Correspondentes aos ativos circulantes, mas na coluna oposta do balanço, estão os passivos circulantes. De modo geral, tratam-se de dívidas contraídas pela empresa no curso normal da operação do negócio que, presumivelmente, devem ser pagas no prazo máximo de um ano. Além disso, todos os outros tipos de dívidas com vencimento no prazo de um ano são incluídos no passivo circulante. Os tipos mais relevantes de passivo circulante são os listados a seguir:

- Notas, contas ou empréstimos a pagar (inclui empréstimos bancários, notas promissórias a vencer etc.)
- Aceites a pagar
- Contas a pagar
- Dividendos e juros a pagar
- Títulos, hipotecas ou obrigações em série com vencimento no prazo de um ano, incluindo aqueles passíveis de resgate antecipado
- Adiantamentos (de clientes, afiliados, acionistas etc.)
- Depósitos de clientes
- Cheques não reclamados e reembolsos
- Juros, salários e impostos acumulados
- Reserva para impostos federais

# CAPÍTULO XIII
# CAPITAL DE GIRO

Ao estudarmos o que se denomina "posição atual" de uma empresa, jamais consideramos o ativo circulante por si só, mas sim em relação ao passivo circulante. A posição atual engloba dois fatores importantes: (a) o excesso de ativo circulante em relação ao passivo circulante — conhecido como ativo circulante líquido ou capital de giro; e (b) a *razão* entre o ativo circulante e o passivo circulante — conhecido como índice de liquidez.

O capital de giro é calculado subtraindo o passivo circulante do ativo circulante. Ele é um item de grande relevância na determinação da força financeira de uma empresa do ramo industrial e merece atenção também na análise de serviços públicos e de títulos de companhias ferroviárias.

No capital de giro se encontra a medida da capacidade da empresa de realizar seus negócios normais com conforto e sem restrições financeiras, de expandir suas operações sem a necessidade de novos financiamentos, e de responder a emergências e perdas sem desespero. O investimento empatado na conta da planta (ou ativos fixos) pouco ajuda na solução desse tipo de demanda. A escassez de capital de giro resulta, no mínimo, em um ritmo lento de pagamento de contas, em baixa classificação de crédito, na redução das operações, na dificuldade de se fechar negócios desejáveis, e em uma incapacidade geral de "dar a volta" e progredir. Suas consequências mais graves são a insolvência e o tribunal de falências.

O montante adequado de capital de giro exigido por determinada empresa depende tanto do volume quanto da natureza dos negócios. O principal ponto de comparação corresponde ao volume de capital de giro por dólar de vendas. Uma empresa que faz transações em dinheiro e desfruta de um rápido giro de estoque — por exemplo, uma rede de supermercados — precisa de um capital de giro muito menor em comparação com as vendas do que um fabricante de máquinas pesadas vendidas a prestações de longo prazo.

O capital de giro também é estudado em relação aos ativos fixos e à capitalização, principalmente a dívida financiada e as ações preferenciais. Na maioria dos casos, espera-se que um bom título industrial ou ação preferencial seja integralmente coberto pelos ativos circulantes líquidos. O capital de giro disponível para cada ação ordinária é um item relevante à análise de ações ordinárias. O crescimento ou o declínio da posição do capital de giro ao longo de um determinado período também é digno da atenção do investidor.[3]

Nos setores ferroviário e de serviços públicos, o capital de giro não é examinado com tanto afinco quanto no caso das indústrias. A natureza dessas empresas de serviços é tal que exige pouco investimento em contas a receber ou em estoques (suprimentos). Costuma-se prever a expansão por meio do negócio de novos financiamentos em vez de o fazer com o excedente de caixa. Uma próspera empresa de serviços públicos pode, às vezes, permitir que seu passivo circulante exceda seu ativo circulante, reabastecendo a posição do capital de giro um pouco mais adiante, como parte de seu programa de financiamento.

Entretanto, o investidor cauteloso deve dar preferência a prestadoras de serviços públicos e companhias ferroviárias que apresentem, de maneira consistente, uma situação de capital de giro confortável.

---

[3] Um "teste de fogo" da situação financeira de uma empresa é aplicado usando os ativos circulantes excluindo estoques. Eles podem ser chamados de ativos líquidos, e seu valor, menos o passivo circulante, seria conhecido como ativos líquidos disponíveis. Em condições normais, deve haver um excesso confortável de "ativos líquidos" em relação a todos os passivos circulantes.

# CAPÍTULO XIV
## ÍNDICE DE LIQUIDEZ

Um dos valores mais usados na análise de balanços é a relação entre o ativo circulante e o passivo circulante. Geralmente, ele é chamado de índice de liquidez, e obtido na divisão do total do ativo circulante pelo total do passivo circulante. Por exemplo, se os ativos circulantes somam $ 500.000 e os passivos circulantes $ 100.000, o índice de liquidez é de 5 para 1, ou simplesmente 5. Quando uma empresa está em uma posição saudável, os ativos circulantes excedem em muito o passivo circulante, indicando que a empresa não terá dificuldades em honrar suas dívidas atuais à medida que estas vencerem.

Os fatores que constituem um índice de liquidez satisfatório variam até certo ponto, de acordo com o tipo de negócio. Em geral, quanto maior a liquidez dos ativos circulantes, menor é a margem necessária acima dos passivos circulantes. Companhias ferroviárias e serviços públicos costumam não ser obrigados a apresentar um grande índice de liquidez — principalmente porque possuem pequenos estoques e suas contas a receber podem ser cobradas imediatamente. Em empresas do ramo industrial, uma proporção atual de 2 para 1 tem sido considerada uma espécie de parâmetro mínimo. No entanto, constata-se que quase todas as empresas com ações negociadas em bolsa excedem em muito esse número. A tabela ao lado fornece os recentes índices de liquidez agregados para vários setores.

## FIM DO ANO FISCAL DE 1935

| Setor | Número de empresas | Índice de liquidez |
|---|---|---|
| Tabaco | 18 | 14,4 |
| Têxtil | 7 | 7,9 |
| Maquinário agrícola | 5 | 7,7 |
| Calçados e couro | 8 | 7,7 |
| Equipamentos elétricos | 8 | 7,4 |
| Produtos químicos | 20 | 6,9 |
| Equipamentos domésticos | 20 | 6,9 |
| Publicações | 12 | 6,9 |
| Equipamentos de escritório | 11 | 6,6 |
| Equipamentos de construção | 20 | 6,4 |
| Manufaturas (div.) | 23 | 6,3 |
| Vestuário | 8 | 6,0 |
| Maquinário industrial | 21 | 6,0 |
| Redes de variedades | 8 | 6,0 |
| Frigoríficos | 7 | 5,9 |
| Produtos de lã | 5 | 5,9 |
| Alimentício | 13 | 5,7 |
| Açucareiro | 9 | 5,7 |
| Aeronáutico | 7 | 5,6 |
| Remédios e cosméticos | 13 | 5,5 |
| Borracha e pneus | 9 | 5,3 |
| Maquinário ferroviário | 14 | 5.2 |
| Contêineres | 8 | 5,1 |
| Lojas de departamento | 15 | 5,0 |
| Siderúrgico | 22 | 4,9 |
| Rádio | 7 | 4,6 |
| Peças automobilísticas | 34 | 4,4 |
| Mineração (div.) | 26 | 4,3 |
| Panificação | 7 | 4.2 |
| Logística | 4 | 4,2 |
| Papel | 6 | 3,9 |
| Redes de supermercado | 7 | 3,8 |
| Petróleo | 27 | 3,8 |

**FIM DO ANO FISCAL DE 1935**

| Setor | Número de empresas | Índice de liquidez |
|---|---|---|
| Naval | 8 | 3,7 |
| Produtos de seda | 4 | 3,6 |
| Produtos de algodão | 7 | 3,5 |
| Laticínios | 4 | 3,5 |
| Automobilístico | 13 | 3,0 |
| Carvão | 10 | 3,0 |
| Cinematográfico | 8 | 2,8 |
| Serviços públicos | 22 | 1,9 |
| Ferroviário | 25 | 0,7 |

Geralmente, o índice de liquidez deve ser analisado mais detalhadamente, depois de excluído o estoque. É comum exigir que o caixa (e afins) e as contas a receber somados excedam todos os passivos circulantes. (Existe a tendência hoje em dia em aplicar a expressão "ativos líquidos" a esses ativos circulantes, excluído o estoque.) Se o estoque é de um tipo prontamente vendável e, particularmente, se a natureza do negócio faz com que ele seja muito grande em uma determinada época e bastante reduzido em outra, a incapacidade de uma empresa de passar nesse último "teste de ativos líquidos" pode não ser de grande importância. Entretanto, em todo caso, a situação deve ser analisada com cuidado para garantir que a empresa de fato esteja em uma posição confortável.

# CAPÍTULO XV
## ESTOQUE

Existe a tendência de considerar um estoque muito grande como algo ruim para qualquer tipo de empresa. Isso não é verdade, uma vez que estoques são ativos e, em geral, quanto mais ativos uma empresa possui, melhor sua situação. No entanto, frequentemente estoques muito grandes dão origem a vários tipos de problema. Eles podem exigir empréstimos bancários substanciais para financiá-los, ou então absorver um volume inadequado do caixa da empresa. No caso de queda dos preços das *commodities*, podem provocar grandes prejuízos. Em tese, eles poderiam produzir lucros da mesma forma, mas a experiência mostra que esses lucros não são nem tão grandes nem tão frequentes quanto os prejuízos. Por fim, um estoque extraordinariamente grande sugere que boa parte das mercadorias podem ser invendáveis, e, também, que o preço delas precisa ser reduzido drasticamente para movimentá-las.

Nesse âmbito, o valor do estoque deve ser estudado em relação a vários fatores. O principal critério é o "giro" — definido como as vendas anuais divididas pelo estoque.[4] Os padrões nesse ponto variam amplamente entre os diferentes setores. A lista de coeficientes médios de vendas em relação ao estoques de diferentes setores fornece uma ligeira ideia do espectro de variação, além de indicar qual valor deve ser esperado em casos particulares.

---

[4] O verdadeiro giro é encontrado dividindo-se o estoque pelo custo dos bens vendidos, mas é comum usar o total de vendas em vez do custo dos bens vendidos. Portanto, esse "giro" aceito é sempre maior do que o valor real.

### GIRO DE ESTOQUE — 1934
### (VENDAS ANUAIS DIVIDIDAS PELO ESTOQUE AO FIM DO ANO)

| Produto | Número de empresas | Coeficiente |
| --- | --- | --- |
| Produtos de seda | 58 | 10,1 |
| Produção de calçados | 82 | 9,4 |
| Equipamentos elétricos | 39 | 8,7 |
| Peças automobilísticas | 54 | 8,1 |
| Produtos de algodão | 51 | 8,1 |
| Tintas e vernizes | 94 | 7,6 |
| Meias | 34 | 7,2 |
| Móveis | 64 | 6,0 |
| Lojas de departamento | 193 | 5,9 |
| Produtos químicos | 39 | 5,6 |
| Papel | 34 | 5,5 |
| Curtumes | 40 | 4,9 |
| Calçados (varejo) | 23 | 4,9 |
| Publicações | 33 | 4,8 |
| Ferragens e ferramentas | 42 | 3,7 |

Quando não há números de vendas disponíveis, torna-se mais difícil formar uma opinião válida sobre o fator relativo ao estoque. No entanto, os números podem ser proveitosamente estudados ano a ano e comparados entre si, com o lucro líquido, com os demais ativos circulantes e com o capital de giro. A tabela a seguir mostra o percentual do total do ativo circulante representado pelo estoque em vários setores ao fim de 1935.

### DEMONSTRAÇÕES FINANCEIRAS
### PERCENTUAL DO ESTOQUE EM RELAÇÃO AO ATIVO CIRCULANTE

| Setor | Percentual |
| --- | --- |
| Cinematográfico | 68,9 |
| Tabaco | 68,2 |
| Produtos de lã | 65,8 |
| Redes de variedades | 65,4 |
| Redes de supermercado | 64,2 |
| Produtos de algodão | 59,0 |

## DEMONSTRAÇÕES FINANCEIRAS
## PERCENTUAL DO ESTOQUE EM RELAÇÃO AO ATIVO CIRCULANTE

| Setor | Percentual |
|---|---|
| Frigoríficos | 57,7 |
| Siderúrgico | 57,4 |
| Logística | 56,1 |
| Borracha e pneus | 53,3 |
| Mineração (div.) | 51,6 |
| Papel | 51,3 |
| Calçados e couro | 49,8 |
| Açucareiro | 49,8 |
| Equipamentos domésticos | 49,2 |
| Petróleo | 48,7 |
| Contêineres | 46,5 |
| Têxtil | 46,4 |
| Produtos de seda | 46,2 |
| Manufaturas (div.) | 44,8 |
| Lojas de departamento | 42,7 |
| Maquinário industrial | 42,0 |
| Vestuário | 41,6 |
| Equipamentos de construção | 41,0 |
| Automobilístico | 40,7 |
| Alimentício | 39,5 |
| Remédios e cosméticos | 38,7 |
| Maquinário agrícola | 38,6 |
| Equipamentos de escritório | 37,1 |
| Equipamentos elétricos | 37,0 |
| Peças automobilísticas | 35,6 |
| Produtos químicos | 34,4 |
| Aeronáutico | 32,6 |
| Panificação | 31,8 |
| Laticínios | 29,2 |
| Carvão | 28,1 |
| Publicações | 27,8 |
| Ferroviário | 26,5 |

**DEMONSTRAÇÕES FINANCEIRAS**
**PERCENTUAL DO ESTOQUE EM RELAÇÃO AO ATIVO CIRCULANTE**

| Setor | Percentual |
|---|---|
| Rádio | 25,6 |
| Equipamentos de rádio | 25,5 |
| Naval | 18,2 |
| Serviços públicos | 17,6 |

# CAPÍTULO XVI
# CONTAS A RECEBER

O valor relativo de contas a receber predominantemente varia de acordo com o tipo de indústria e com as práticas comerciais de pagamento de contas. Além disso, para cada linha de negócios, as contas a receber podem variar de acordo com a condição do crédito bancário, ou seja, quando o crédito bancário é excessivo, o valor das contas a receber aumenta à medida que a empresa concede mais crédito do que o habitual aos seus clientes.

Assim como no caso do estoque, as contas a receber devem ser estudadas em relação às vendas anuais, quando disponíveis, e em relação às variações ocorridas ao longo dos anos. Se as contas a receber parecerem altamente desproporcionais em relação às vendas ou a outros itens, isso indica que foi adotada uma política de crédito indevidamente liberal, e que é provável que prejuízos graves ocorrerão em função da inadimplência.

As contas a receber requerem um escrutínio mais cuidadoso no caso de empresas que vendem mercadorias com base em pagamentos a longo prazo. Essas empresas incluem lojas de departamentos, redes de venda a prazo, vendas por correspondência e fabricantes de maquinário e equipamento variados (por exemplo, maquinário agrícola, caminhões e equipamentos de escritório). Grande parte desse negócio de parcelamento é realizado por meio de financeiras que adiantam recursos contra as notas ou garantias do vendedor. Com frequência, as contas a receber de uma empresa de manufatura são vendidas à financeira com um "acordo de recompra", caso em que nem as contas a receber nem a dívida com a financeira aparecem diretamente no balanço da empresa, e são referidas apenas em uma nota de rodapé. Na análise de um balanço patrimonial, tais contas a receber descontadas devem ser consideradas integralmente, com o equivalente tanto de ativos quanto de passivos.

## CAPÍTULO XVII
## CAIXA

Nenhuma distinção útil pode ser feita entre o caixa propriamente dito e outros "ativos de caixa" ou "ativos de liquidez imediata", que correspondem a certificados de depósito, empréstimos sem prazo, títulos negociáveis etc. Para fins práticos, os vários tipos de ativos de caixa podem ser considerados intercambiáveis. Em tese, uma empresa não deve manter mais dinheiro em caixa do que o necessário para efetuar seus negócios regulares e cobrir as possíveis necessidades que surjam repentinamente. Mas, há alguns anos, tem havido uma tendência generalizada de se reter mais dinheiro do que a empresa parece precisar. Muito desse excedente de caixa é mantido na forma de títulos negociáveis. O retorno atual desses investimentos geralmente é pequeno. Eles podem gerar lucros (ou perdas) substanciais em função de oscilações no mercado, mas tais operações não são propriamente parte dos costumeiros negócios comerciais ou de manufatura da empresa.

Normalmente, a falta de caixa é resolvida por meio de empréstimos bancários. Portanto, costuma ser provável que uma posição financeira fraca fique patente mais por meio de grandes empréstimos bancários do que por meio de uma baixa posição de caixa. Durante períodos de crise, é particularmente importante ficar atento ao caixa ano a ano. Algumas empresas apresentam aumento de caixa mesmo em um período de perdas, liquidando grande parte de seus outros ativos, principalmente estoque e contas a receber. Outras apresentam uma baixa considerável de caixa ou — o que dá no mesmo — um aumento substancial nos empréstimos bancários. Nesses períodos, a forma como as perdas são percebidas no balanço patrimonial pode ser mais importante do que o valor delas em si.

Quando as reservas de caixa são excepcionalmente grandes em relação ao preço de mercado dos títulos, esse fator merece uma atenção positiva. Nesse caso, as ações ordinárias podem valer mais do que a demonstração de rendimentos indica, porque uma boa parte de seu valor é representada por reservas de caixa que contribuem pouco para a demonstração de resultado. Eventualmente, os acionistas vão tirar proveito desses ativos de caixa, seja por meio de sua distribuição, seja por meio da produtiva aplicação deles no negócio.

# CAPÍTULO XVIII
## NOTAS A PAGAR

O valor total do passivo circulante interessa apenas em relação ao ativo circulante. Já vimos a importância do índice de liquidez (total do ativo circulante em relação ao total do passivo circulante) e a conveniência de que os ativos líquidos (excluindo-se o estoque) superem o valor do passivo circulante.

O item individual mais importante do passivo circulante é o das notas a pagar. Geralmente, ele representa empréstimos bancários, mas também pode se aplicar a contas comerciais ou a empréstimos tomados de empresas afiliadas ou de pessoas físicas. O fato de uma empresa ter contraído empréstimos bancários não é por si só um sinal de fraqueza. Os empréstimos sazonais, que são integralmente liquidados após o encerramento do período de vendas ativas, são considerados desejáveis do ponto de vista da empresa e dos bancos. Mas os empréstimos bancários mais ou menos permanentes, embora possam estar bem cobertos por ativos circulantes, podem ser uma indicação de que a empresa precisa de capital de longo prazo na forma de títulos ou de ações.

Quando o balanço mostra notas a pagar, a situação sempre deve ser estudada com mais cuidado do que nunca. Se as notas a pagar forem substancialmente superadas pelos depósitos de caixa, elas podem ser normalmente descartadas como desimportantes. Mas se os empréstimos forem maiores do que o caixa e as contas a receber somados, fica claro que a empresa está dependente demais dos bancos. A menos que o estoque seja de caráter extraordinariamente líquido, uma situação como esta pode gerar apreensão. Nesse caso, os empréstimos bancários devem ser estudados ao longo dos anos para verificar se estão crescendo mais rápido do que as vendas e os lucros. Em caso afirmativo, é um sinal definitivo de fraqueza.

# CAPÍTULO XIX
## RESERVAS

É útil dividir as reservas em três categorias: (a) as que representam um passivo mais ou menos definido; (b) as que representam uma compensação contra algum ativo; e (c) as que são realmente parte do excedente.

As reservas da primeira categoria são constituídas para o pagamento de impostos, sinistros e outros litígios pendentes, devoluções a clientes etc. Elas são, em sua maioria, verdadeiros passivos circulantes, embora em alguns casos estejam separadas destes no balanço patrimonial.

As *reservas de compensação* mais importantes são aquelas para depreciação e exaustão, sobre as quais já falamos. Cabe lembrar que estas podem ser encontradas tanto na coluna do ativo, como um abatimento na conta de propriedade, quanto na coluna do passivo do balanço. Outra reserva de compensação padrão é aquela feita para perdas nas contas a receber — ou "reserva de liquidação". Geralmente, esse valor é abatido diretamente das contas e títulos a receber e o valor abatido não é declarado.

Uma terceira reserva de compensação importante é aquela feita para reduções no valor do estoque. Ao lidar com tal reserva, é essencial saber se ela reflete uma baixa que já ocorreu ou apenas uma que pode ocorrer no futuro. Se for o primeiro caso, o estoque deve ser considerado como definitivamente reduzido pelo valor da reserva. No entanto, se a reserva for constituída para cobrir uma possível queda futura de valor, deve ser vista antes como uma reserva de contingência, que, na verdade, faz parte do excedente. O mesmo pode ser feito em relação às reservas contra títulos negociáveis e outros investimentos. Neste ponto também é importante saber se elas refletem um declínio de valor passado e factual ou apenas possível.

As reservas de contingência e outras reservas similares tendem a tornar as declarações corporativas bastante confusas, porque obscurecem o tempo e o efeito de diversos tipos de perdas. Se em um ano uma empresa constituir uma reserva para futura redução no valor do estoque, parece adequado retirar essa reserva do excedente, em vez de lançá-la no resultado, pois a perda, de fato, não se concretizou. Mas, se no ano seguinte ocorrer uma redução no valor do estoque, parece adequado lançar novamente essa perda contra a reserva constituída para essa contingência. O que acaba por acontecer é que a perda, embora ocorrida de fato, não é debitada do resultado de nenhum ano específico e, nessa medida, os resultados estão superestimados.

Por exemplo, se uma empresa apresentou um lucro líquido de $ 2.000.000 em sua demonstração de resultado, mas o balanço ao fim do ano não mostrava uma reserva de $ 6.000.000 que existia um ano antes, pode ser razoável concluir que, na verdade, a empresa teve um prejuízo de $ 4.000.000. Às vezes, uma reserva é transferida de volta ao excedente. Claro, se a reserva de $ 6.000.000 tivesse sido transferida de volta ao excedente, esse aumento constaria no excedente, e o lucro ou rendimento líquido de $ 2.000.000 da empresa poderia ser considerado correto.

Para evitar ser enganado por esses dispositivos, o investidor deve examinar tanto a demonstração de resultado quanto a de excedente ao longo de vários anos, e fazer a devida provisão para quaisquer valores debitados ao excedente ou a reservas que realmente representem perdas para o negócio no período. Também em setores em que as reservas de estoque são normalmente confusas (por exemplo, na indústria da borracha), o investidor deve ser especialmente cuidadoso para não superestimar a importância dos rendimentos de um único ano.

De vez em quando, o balanço patrimonial contém itens como "reserva de melhoramentos da planta", "reserva de capital de giro", "reserva de resgate de ações preferenciais" etc. Reservas desse tipo não representam uma dívida nem um abatimento definitivo de qualquer ativo. Elas são partes da conta de excedente. O propósito de sua constituição geralmente é indicar que esses fundos não estão disponíveis para distribuição aos acionistas. Se assim for, tais reservas podem ser consideradas como "lucros retidos".

# CAPÍTULO XX
# VALOR CONTÁBIL OU PARTICIPAÇÃO ACIONÁRIA

O valor contábil de um título é, na maioria dos casos, uma cifra um tanto artificial. Ele parte do pressuposto de que, se a empresa fosse liquidada, receberia em dinheiro o valor pelo qual seus diversos ativos tangíveis estão contabilizados. Logo, os valores aplicáveis aos diversos títulos em sua devida ordem seriam seus valores contábeis. (O termo *equity*, ou participação acionária, nesse sentido é usado com frequência em vez de valor contábil, mas geralmente é aplicado apenas a ações ordinárias e emissões seniores especulativas.)

Na verdade, se a empresa fosse de fato liquidada, muito provavelmente o valor dos ativos seria bem menor do que o valor contábil destes demonstrado no balanço patrimonial. É provável que ocorra uma perda considerável com a venda do estoque, e é quase certo que o valor dos ativos fixos sofrerá uma redução substancial. Em praticamente todas as hipóteses, as condições adversas, que levariam à decisão de liquidação do negócio, também tornariam impossível obter qualquer coisa próxima ao custo ou ao preço de reprodução pela planta e pelo maquinário.

Portanto, o valor contábil mede mais adequadamente não o que os acionistas poderiam obter com o negócio (seu valor de liquidação), mas sim o que investiram nele, incluindo lucros não distribuídos. O valor contábil é de relativa importância na análise porque tende a existir uma relação, por alto, entre o valor investido em um negócio e seu rendimento médio. É verdade que, em muitos casos particulares, encontramos empresas com pequenos valores de ativos obtendo grandes lucros, enquanto outras com grandes valores de ativos obtêm pouco ou nada. Mesmo assim, nesses casos, alguma atenção deve ser dada à situação do valor contábil, pois sempre existe a possibilidade de que ganhos consideráveis em relação ao volume de capital investido possam atrair concorrência e, portanto, mostrarem-se temporários; existe também a possibilidade de que grandes ativos, que no momento não geram lucros, possam, mais tarde, tornarem-se mais produtivos.

# CAPÍTULO XXI
# CÁLCULO DO VALOR CONTÁBIL

Como já foi dito, o processo de cálculo do valor contábil pressupõe que os ativos da empresa mantenham o valor apresentado no balanço patrimonial. Na verdade, valor contábil meramente significa o valor que consta nos livros contábeis ou no balanço patrimonial.

Para dar um exemplo simples, o balanço patrimonial de uma empresa é:

| **Ativo** | |
|---|---|
| **Bens imóveis** | $ 1.000.000 |
| **Goodwill** | $ 500.000 |
| **Ativos circulantes** | $ 500.000 |
| | $ 2.000.000 |
| **Passivo** | |
| **Capital social** | $ 1.700.000 |
| **Excedente** | $ 100.000 |
| **Passivos circulantes** | $ 200.000 |
| | $ 2.000.000 |

Nesse caso, o capital social é representado por 17.000 ações ordinárias com valor nominal de $ 100. Para encontrar o valor contábil da ação ordinária, deve-se somar o excedente de $ 100.000 ao valor de $ 1.700.000 que consta para o capital social, perfazendo um total de $ 1.800.000. Em seguida, observe os intangíveis na coluna do ativo do balanço. Veremos $ 500.000 de goodwill. Este valor é então deduzido dos $ 1.800.000, deixando $ 1.300.000 de capital disponível para as 17.000 ações ordinárias. Esta cifra de $ 1.300.000 costuma ser chamada de "ativos tangíveis líquidos" da empresa. Efetuando-se a divisão, o valor contábil *líquido* por ação seria de $ 76,47.

Caso não fossem deduzidos os intangíveis e simplesmente dividíssemos os $ 1.800.000 pelas 17.000 ações, teríamos chegado a um valor contábil de $ 105,88 por ação. É possível notar que há uma grande diferença entre esse valor contábil e o valor contábil efetivo de $ 76,47 por ação. Se apenas a expressão "valor contábil" for mencionada, ela provavelmente se refere ao valor contábil *líquido* ou *tangível* das ações. A cifra maior pode ser denominada de "valor contábil, intangíveis inclusos".

# CAPÍTULO XXII
# VALOR CONTÁBIL DE TÍTULOS E AÇÕES

O balanço patrimonial de uma empresa com títulos e ações preferenciais e ordinárias pode se parecer com o seguinte:

| Ativo | | Passivo | |
|---|---|---|---|
| **Bens imóveis** | $ 1.000.000 | **7% ações preferenciais** (val. nom. $ 100) | $ 600.000 |
| **Goodwill** | $ 500.000 | **Ações ordinárias** (sem val. nom.)* | $ 600.000 |
| **Ativos circulantes** | $ 500.000 | **Hipoteca de primeiro grau: 6% títulos** | $ 500.000 |
| | $ 2.000.000 | **Passivos circulantes** | $ 200.000 |
| | | **Excedente** | $ 100.000 |
| | | | $ 2.000.000 |

*17.000 ações.

Para encontrar o valor contábil líquido (valor dos ativos tangíveis líquido) dos títulos, soma-se o valor dos títulos, mais os valores das ações preferenciais, das ações ordinárias e do excedente, e, deste total de $ 1.800.000, subtrai-se o goodwill de $ 500.000, restando assim $ 1.300.000 de ativos tangíveis líquidos aplicáveis aos $ 500.000 de títulos. Assim, cada título de $ 1.000 teria um valor contábil líquido de $ 2.600.

Para encontrarmos o valor contábil líquido das ações preferenciais, são excluídos os títulos, somam-se apenas os valores das ações preferenciais, das ações ordinárias e do excedente e se subtrai o goodwill como feito anteriormente, restando $ 800.000 de ativos tangíveis líquidos aplicáveis às 6.000 ações preferenciais, ou $ 133,33 de valor líquido contábil de cada ação.

O primeiro passo para encontrar o valor contábil líquido das ações ordinárias, em um caso em que haja ações preferenciais, é consultar o valor de liquidação das ações preferenciais. Com frequência, as ações preferenciais têm direito a mais do que o valor nominal na liquidação (ou dissolução) e, claro, no caso de não haver ações preferenciais, é necessário consultar o valor de liquidação de qualquer forma. Nesse caso específico, as ações preferenciais têm um valor de liquidação de $ 105, ou um total de $ 630.000. Em seguida, é preciso encontrar o valor dos ativos tangíveis líquidos aplicáveis às ações preferenciais, $ 800.000 conforme mostrado anteriormente, e deduzir dele o valor total de liquidação das ações preferenciais, de $ 630.000. O restante, $ 170.000, é o valor dos ativos tangíveis líquidos aplicáveis às 17.000 ações ordinárias sem valor nominal, ou $ 10 de valor contábil líquido por ação.

Havendo dividendos acumulados sobre as ações preferenciais, eles também devem ser deduzidos no cálculo do valor contábil das ações ordinárias (ou de uma emissão preferencial júnior). Às vezes, deve-se fazer o desconto referente ao direito de uma ação preferencial ou classe A aos dividendos remanescentes.

Às vezes, também, o valor em caso de dissolução não é representativo da reivindicação sobre os lucros, e é melhor estabelecer às ações preferenciais uma cifra que reflita de maneira justa sua taxa de dividendos (isso pode ser chamado de "valor nominal efetivo"). Por exemplo, nas condições atuais, uma ação preferencial não resgatável de $ 8, embora tenha direito a apenas $ 100 por ação em caso de dissolução, pode ser devidamente deduzida a uma base de 5%, ou $ 160 por ação, a fim de determinar o saldo dos ativos disponíveis para as ações ordinárias.

# CAPÍTULO XXIII
## OUTROS ITENS DO VALOR CONTÁBIL

No cálculo do valor contábil de um título, as várias formas de excedente são tratadas simplesmente como excedente. Por exemplo, uma empresa pode apresentar excedente de capital, lucros retidos, prêmio sobre ações vendidas e excedente ganho (ou excedente de lucros e perdas). Todos eles seriam somados e considerados como excedente.

No capítulo sobre reservas, foi mencionado que determinados tipos de reserva são, de fato, uma parte do excedente. Isso engloba as reservas de contingência (a menos que elas estejam relacionadas a um pagamento definido e razoavelmente provável ou a uma perda de valor), reserva geral, reservas de dividendos, reservas de resgate de ações preferenciais, reservas de melhoramentos, reservas de capital de giro etc. Reservas de seguros também podem ser incluídas apropriadamente nessa mesma categoria, mas as reservas de pensões geralmente são de fato um passivo, e não devem ser consideradas como parte do excedente.

Essas reservas equivalentes ao excedente (às vezes chamadas de "reservas voluntárias"), que de fato são partes dele, devem ser somadas ao excedente para se apurar o valor contábil. Ao encontrarmos o valor contábil líquido, todos os intangíveis devem ser subtraídos. Os encargos diferidos, como despesas de abertura e desconto de títulos não amortizados, também devem ser excluídos.

# CAPÍTULO XXIV
## VALOR DE LIQUIDAÇÃO E VALOR LÍQUIDO DO ATIVO CIRCULANTE

O valor de liquidação difere do valor contábil porque se espera que o segundo inclua uma provisão para a perda de valor no momento da liquidação. Por razões óbvias, é impraticável falar sobre valor de liquidação de uma companhia ferroviária ou de um serviço público comum. Por outro lado, o valor de liquidação de um banco, de uma seguradora ou de um fundo de investimento típico (ou *holding* de investimentos) pode ser calculado com médio a alto grau de precisão; e, caso o valor seja muito acima do preço de mercado, esse fato pode ser de extrema relevância.

No caso das indústrias, o valor de liquidação pode ou não ser um conceito útil, dependendo da natureza dos ativos e da configuração da capitalização. Ele é de particular interesse quando os ativos circulantes constituem uma parte relativamente grande do total de ativos, e quando o passivo é pequeno se comparado às ações ordinárias. Isso porque os ativos circulantes geralmente sofrem uma perda muito menor na liquidação do que os ativos fixos. Em alguns casos de liquidação, os ativos fixos acabam por proporcionar apenas o suficiente para compensar a perda de valor dos ativos circulantes.

Em consequência disso, é muito provável que o "valor do ativo circulante líquido" de um título industrial forneça uma medida aproximada de seu valor de liquidação. Ele é calculado tomando-se apenas os ativos circulantes líquidos (ou "capital de giro") e deduzindo-se deles as reinvindicações integrais de todos os títulos seniores. Quando uma ação está sendo vendida por muito menos do que seu valor do ativo circulante líquido, esse fato é sempre interessante, embora não seja uma prova conclusiva de que ela esteja subvalorizada.

# CAPÍTULO XXV
## POTENCIAL DE RENDIMENTO

Excluindo-se o setor dos bancos, seguradoras e, em particular, fundos de investimento, apenas em casos excepcionais é que o valor contábil ou o valor de liquidação desempenha um papel relevante na análise de títulos. Na grande maioria dos casos, o grau de atração ou de sucesso de um investimento depende do potencial de rendimento por trás dele. A expressão "potencial de rendimento" deve ser usada para se referir aos rendimentos que de modo razoável podem ser esperados em um determinado período no futuro. Uma vez que o futuro é imprevisível, geralmente somos compelidos a tomar os lucros atuais e passados como guia, e usar esses números como base para fazer uma estimativa adequada dos rendimentos futuros.

Se as condições de negócios tiverem sido notadamente normais ao longo de uma sequência de anos, a média dos rendimentos durante esse período pode fornecer um índice do potencial de rendimento melhor do que o valor atual isolado. Isso é particularmente válido se o objetivo for determinar se um título ou uma ação preferencial constitui um investimento seguro.

Nos capítulos seguintes, serão debatidos os elementos de uma demonstração de resultado.

# CAPÍTULO XXVI
## EXEMPLO DE DEMONSTRAÇÃO DE RESULTADO DE UM SERVIÇO PÚBLICO

Pode ser tomada como exemplo a seguinte demonstração de resultado consolidada de uma *holding* de serviços públicos e suas subsidiárias:

**AMERICAN GAS AND ELECTRIC COMPANY (ENCERRAMENTO DO ANO FISCAL EM 31 DE DEZEMBRO DE 1935)**

| | | |
|---|---|---|
| **Receita operacional bruta** | — | 64.936.196 |
| **Despesas operacionais** | 20.379.243 | — |
| **Manutenção** | 3.542.460 | — |
| **Depreciação** | 8.730.973 | — |
| **Impostos** | 8.664.795 | — |
| **Lucro operacional** | — | 23.618.725 |
| **Outras receitas** | — | 728.672 |
| **Outras receitas (empresa-mãe)** | — | 279.629 |
| **Receita total** | — | 24.627.026 |
| **Despesas da empresa-mãe (incluindo impostos)** | 467.265 | — |
| **Balanço disponível para encargos fixos** | — | 24.159.761 |
| **Dividendos preferenciais das subsidiárias** | 3.104.342 | — |
| **Juros e outras deduções (subsidiárias)** | 7.936.175 | — |
| **Juros e outras deduções (empresa-mãe)** | 2.562.802 | — |
| **Receita líquida** | — | 10.556.442 |
| **Dividendos de ações preferenciais** | 2.133.738 | — |
| **Dividendos de ações ordinárias** | 6.267.073 | — |
| | | |
| **Acréscimos ao excedente:** | | |
| **Créditos diversos** | — | 40.862 |

EXEMPLO DE DEMONSTRAÇÃO DE RESULTADO DE UM SERVIÇO PÚBLICO 65

**Deduções ao excedente:**

| | | |
|---|---|---|
| Prêmios, descontos não amortizados e despesas com títulos resgatados | 306.441 | — |
| Eliminação de balanços de crédito nas contas de excedente das subsidiárias liquidadas | 47.612 | — |

**Créditos diversos:**

| | | |
|---|---|---|
| Ajuste do valor contábil de ações e títulos de outras empresas | 87.397 | — |
| Pagamentos de impostos de anos anteriores | 33.496 | — |
| Débitos diversos | 1.417 | |
| **Aumento no excedente para o ano** | | 1.720.509 |
| **Excedente do ano anterior** | | 66.609.188 |
| **Excedente de lucro e perda (balanço patrimonial)** | | 68.329.732 |

Algumas explicações sobre os diversos itens dessa demonstração podem ser úteis.

A receita operacional total ou receita bruta é frequentemente dividida conforme a fonte — por exemplo, eletricidade, gás, água, transporte etc. As despesas operacionais incluem custo de matérias-primas, mão de obra, administração (despesas gerais indiretas) etc. Manutenção e depreciação são discutidas um pouco mais adiante. Os impostos são divididos entre locais, estaduais e federais diversos, de um lado, e impostos de renda federais, do outro.

Outras receitas vêm de outras fontes que não a venda regular a clientes e geralmente se referem a receitas de investimentos e — no caso de uma *holding* — a cobrança por serviços de vários tipos prestados às subsidiárias.

As outras deduções incluídas nos encargos fixos englobam a amortização de títulos e, às vezes, o aluguel de imóveis.

Dividendos preferenciais das subsidiárias são os dividendos pagos sobre ações preferenciais em circulação nas mãos do público — ou seja, não detidas pela empresa-mãe. Da mesma forma, "participação minoritária" diz respeito à proporção dos ganhos das subsidiárias aplicável às ações ordinárias de propriedade do público. (A maioria das ações ordinárias é, obviamente, de propriedade da *holding*.)

Os acréscimos ao excedente, não incluídos na demonstração de resultado propriamente dita, referem-se a receitas que não fazem parte estritamente das operações do ano, tais como correções de impostos de anos anteriores e ajustes de reservas constituídas previamente, reembolsos etc. Da mesma forma, as deduções ao excedente compreendem itens como prejuízo na venda de títulos e em bens prescritos, despesas de emissão de títulos, desconto de títulos amortizados em uma quantia global etc. Os abatimentos feitos ao excedente devem sempre ser examinados com atenção, para ver se eles têm influência sobre os ganhos reais durante um período de anos.

# CAPÍTULO XXVII
## EXEMPLO DE DEMONSTRAÇÃO DE RESULTADO DE UMA COMPANHIA INDUSTRIAL

**AMERICAN ROLLING MILL COMPANY (ENCERRAMENTO DO ANO FISCAL EM 31 DE DEZEMBRO DE 1935)**

| | | |
|---|---|---|
| Faturamento líquido | — | 76.799.000 |
| Custo dos bens vendidos | 56.251.000 | — |
| Despesas administrativas, gerais e com vendas | 5.631.000 | — |
| Manutenção e reparos | 5.858.000 | — |
| Provisão para inadimplência | 174.000 | — |
| Aluguéis e royalties | 128.000 | — |
| Impostos (que não de renda) | 660.000 | — |
| Receita operacional | — | 8.097.000 |
| Outras receitas | — | 1.391.000 |
| Receita total | — | 9.448.000 |
| Depreciação e exaustão | 2.076.000 | — |
| Imposto de renda | 615.000 | — |
| Desconto de juros e débitos | 2.483.000 | — |
| Participação minoritária | 4.000 | — |
| Receita líquida | — | 4.310.000 |
| Dividendos de ações preferenciais | 348.000 | — |
| Dividendos de ações ordinárias | 1.068.000 | — |
| Acréscimos diversos ao excedente | — | 130.000 |
| Deduções diversas ao excedente | 1.830.000 | — |
| Aumento no excedente para o ano | — | 1.194.000 |
| Excedente do ano anterior | — | 14.634.000 |
| Excedente de lucro e perda (31/12/1935) | — | 15.828.000 |

Faturamento líquido representa vendas menos devoluções e descontos. Custo dos bens vendidos, nesse caso, significa custo da fábrica, incluindo mão de obra, matérias-primas e despesas gerais indiretas da fábrica, com exceção da manutenção, que aqui é declarada separadamente. Os demais itens da demonstração são autoexplicativos. Nesse caso, os dividendos preferenciais foram de $ 12 por ação, ou $ 232.000, considerando acumulações. Os dividendos preferenciais anuais regulares pagos de fato foram apenas $ 116.000.

# CAPÍTULO XXVIII
## EXEMPLO DE DEMONSTRAÇÃO DE RESULTADO DE UMA COMPANHIA FERROVIÁRIA

Todos os relatórios de companhias ferroviárias são processados em uma base uniforme, de acordo com as regras da Interstate Commerce Commission (ICC). Esses relatórios são demasiadamente elaborados para serem apresentados aqui em detalhes. A síntese abaixo mostra os elementos mais importantes na demonstração de resultados.

**UNION PACIFIC R. R. CO. (ENCERRAMENTO DO ANO FISCAL EM 31 DE DEZEMBRO DE 1935)**

| | | |
|---|---|---|
| **Receita operacional bruta** | — | 129.405.000 |
| **Manutenção de vias férreas e estruturas** | 15.510.000 | — |
| **Manutenção de equipamentos** | 23.924.000 | — |
| **Outras despesas operacionais** | 53.968.000 | 93.402.000 |
| **Receita operacional líquida** | — | 36.003.000 |
| **Impostos** | 9.967.000 | — |
| **Créditos inadimplentes** | 46.000 | 10.013.000 |
| **Receita operacional da ferrovia** | — | 25.990.000 |
| **Aluguel de equipamentos (líquido)** | Déb. 6.865.000 | — |
| **Aluguel de instalações de uso conjunto (líquido)** | Déb. 510.000 | Déb. 7.375.000 |
| **Receita operacional líquida da ferrovia** | — | 18.615.000 |
| | | |
| **Outras receitas:** | | |
| **Juros e dividendos recebidos** | 14.329.000 | |
| **Diversas** | 924.000 | 15.253.000 |
| **Receita bruta** | — | 33.868.000 |
| **Deduções diversas** | — | 813.000 |
| **Disponível para encargos fixos** | — | 33.055.000 |

**Encargos fixos:**

| | | |
|---|---|---|
| Juros sobre dívida financiada | 14.438.000 | — |
| Outros encargos | 82.000 | 14.520.000 |
| Receita líquida | — | 18.535.000 |
| Dividendos de ações preferenciais | 3.982.000 | — |
| Dividendos de ações ordinárias | 13.337.000 | — |
| Fundo de amortização | 10.000 | 17.329.000 |
| Acréscimos do excedente — créditos diversos | — | 1.206.000 |
| | | |
| **Deduções ao excedente:** | — | Créd. 106.000 |
| Perda em propriedades prescritas | 5.980.000 | — |
| Débitos diversos | 285.000 | Déb. 6.265.000 |
| Redução líquida no excedente para o ano | — | 4.953.000 |
| Excedente de lucro e perda — 31 de dez. de 1934 (balanço patrimonial) | — | 254.178.000 |
| Excedente de lucro e perda — 31 de dez. de 1935 (balanço patrimonial) | — | 249.225.000 |

Os termos usados na demonstração são os oficialmente prescritos pelas regras da Interstate Commerce Commission (ICC). Alguns dos principais costumam ser chamados por nomes mais populares. Por exemplo:

| Termo oficial | Termo popular |
|---|---|
| Receita operacional bruta | Rendimento bruto ou receita bruta |
| Receita operacional da ferrovia | Receita líquida antes de impostos |
| Receita operacional líquida da ferrovia | Receita líquida antes de aluguéis |
| Receita líquida | Saldo para dividendos |

O aluguel de instalações de uso conjunto representa valores pagos (déb.) ou recebidos (créd.) pelo uso das instalações de terminais ou trilhos em comum com outra companhia. Os encargos fixos incluem não apenas os juros sobre títulos, mas também outros pagamentos de juros e o aluguel de linhas (operadas como parte do sistema). As deduções diversas compreendem impostos pagos sobre propriedades não ferroviárias, determinados pagamentos sobre garantias etc.

# CAPÍTULO XXIX
## CÁLCULO DE RENDIMENTOS

Ao estudar uma emissão de títulos, a cifra mais importante é o número de vezes que os encargos de juros totais (e equivalentes) são recebidos. Encargos da mesma natureza dos juros dos títulos (como outros juros, aluguéis, amortização do desconto de título) devem estar incluídos, e o número de vezes que esses "encargos fixos" são cobertos deve ser computado. Ao lidar com títulos de serviços públicos e outras *holdings*, geralmente é necessário considerar os dividendos preferenciais das subsidiárias como encargos fixos, pois estes podem ter de ser pagos antes que haja qualquer receita disponível para os títulos da empresa-mãe.

A cobertura de juros ou encargos fixos é calculada, claro, dividindo-se esses encargos pelos rendimentos disponíveis para eles. De modo mais estrito, o imposto de renda não deve ser deduzido previamente dos rendimentos, mas normalmente é mais conveniente fazê-lo, e proporciona um resultado mais conservador. Os rendimentos disponíveis para encargos fixos podem ser encontrados de forma mais simples trabalhando retroativamente a partir do saldo disponível para dividendos (receita líquida) e somando os encargos fixos a ele.

No caso de emissões seniores, também pode ser útil calcular a cobertura de juros sem computar os encargos sobre emissões juniores. No entanto, este é um valor suplementar, e deve ser sempre estudado em conjunto com a cobertura total ou global. É incorreto calcular a cobertura apenas para uma emissão *júnior*, depois de deduzidas da receita as exigências das emissões seniores. Isso pode proporcionar resultados bastante enganosos e, no caso de uma pequena emissão júnior, indicar que ela é mais segura do que as emissões seniores — o que é manifestamente absurdo.

Quando houver ações preferenciais *não precedidas por títulos*, os lucros disponíveis para elas podem ser mostrados como dólares ganhos por ação ou como o número de vezes que os dividendos foram cobertos. Para saber o lucro por ação, basta dividir o lucro líquido disponível para dividendos pelo número de ações. No entanto, se houver títulos em circulação, a cobertura de dividendos preferenciais deve ser calculada apenas em conjunto com os encargos fixos ou os encargos de juros. Em outras palavras, é preciso calcular o número de vezes que o *total de encargos fixos mais dividendos preferenciais* foi ganho. É prática comum, nesses casos, calcular o dividendo preferencial separadamente, mas esse método é incorreto no caso de emissões adquiridas para investimento e pode dar origem a resultados extremamente enganosos.

O lucro das ações ordinárias sempre é demonstrado por ação e, claro, é calculado após a dedução dos dividendos preferenciais à taxa anual total a que a emissão tem direito, incluindo o direito aos dividendos remanescentes, se houver. (Dividendos retroativos sobre ações preferenciais não são deduzidos dos lucros correntes para o cálculo do valor disponível para as ações ordinárias, mas a existência de tais dividendos acumulados deve ser levada em consideração.)

## CÁLCULO DE RENDIMENTOS 1935

|  | Exemplo A (Amer. Gas & Elec. Co.) | Exemplo B (Amer. Rolling Mill) | Exemplo C (Union Pac. R. R.) |
|---|---|---|---|
| **Rendimentos disponíveis para encargos fixos** | 24.159.761 | 6.793.000 | 33.055.000 |
| **Total de encargos fixos** | 13.603.319 | 2.483.000 | 14.520.000 |
| **Índice de cobertura de encargos fixos** | 1,78 | 2,73 | 2,28 |
| **Encargos fixos e dividendos preferenciais** | 15.737.057 | 2.595.000 | 18.502.000 |
| **Índice de cobertura de dividendos preferenciais** | 1,54 | 2,61 | 1,79 |
| **Saldo para ações ordinárias** | 8.422.704 | 4.198.000 | 14.553.000 |
| **Número de ações em circulação** | 4.482.738 | 1.853.000 | 2.223.000 |
| **Lucro por ação ordinária** | 1,88 | 2,26 | 6,55 |

Nota: os rendimentos disponíveis para encargos fixos são determinados após a dedução do imposto de renda federal e da participação minoritária. Este é o método mais conservador.

Os dividendos preferenciais da American Rolling Mill Co. foram pagos à taxa normal de $ 6, desconsiderando os acúmulos pagos em 1935, e os da American Gas & Electric Co. às suas taxas anuais regulares. É costume calcular o lucro por ação sobre as ações preferenciais da seguinte forma:

|  | Exemplo A | Exemplo B | Exemplo C |
|---|---|---|---|
| **Saldo para dividendos preferenciais** | $ 10.556.442 | $ 4.310.000 | $ 18.535.000 |
| **Números de ações preferenciais** | 355.623 | 19.324 | 995.000 |
| **Lucro por ação preferencial** | $ 29,68 | $ 223,05 | $ 18,62 |

Cálculos dessa natureza devem ser vistos com reserva e usados apenas em consonância com a soma da cobertura de encargos fixos e dos dividendos preferenciais.

# CAPÍTULO XXX
## MANUTENÇÃO E FATOR DE DEPRECIAÇÃO

Uma análise exaustiva da demonstração de resultado leva em consideração uma série de fatores sobre os quais não temos espaço para debater. No entanto, algo precisa ser dito sobre a manutenção e a depreciação. Ao fazer provisões excessivas ou insuficientes para esses itens, o lucro líquido pode acabar por ser subestimado ou superestimado. A cifra da manutenção é notadamente importante no setor ferroviário. O valor regular de manutenção (para vias férreas e equipamentos somados) é de 32% a 36% da receita bruta. Um grande afastamento dessa faixa, seja para mais ou para menos, sugere que pode ser necessário um ajuste da demonstração de resultado e, em qualquer dos casos, exige um estudo mais aprofundado.

No que tange aos serviços públicos, a provisão de depreciação é de suma importância. Embora os encargos de depreciação sejam mais apropriadamente uma determinada porcentagem da conta da planta, costuma ser mais conveniente estudá-la em relação à receita bruta. Na maioria dos casos, um encargo de depreciação adequado parece ficar entre 8% e 12% da receita bruta. Algumas empresas usam a chamada reserva de prescrição em seus demonstrativos aos acionistas, que quase sempre é um valor consideravelmente menor do que o encargo de depreciação "linear" regular declarado para fins de imposto de renda. Uma discrepância desse tipo merece atenção cuidadosa. Ela pode significar que, de um ponto de vista conservador, os títulos da empresa não são tão seguros quanto parecem, ou que suas ações ordinárias não estão rendendo de fato o valor relatado aos acionistas.

Provisões de manutenção e de depreciação não costumam ser tão importantes no caso das indústrias como são para as ferrovias e os serviços públicos. Nos últimos anos, tem surgido uma tendência absurda, mas cada vez mais comum, de reduzir drasticamente a conta da planta — em alguns casos até mesmo para US$ 1 — a fim de "economizar" os encargos de depreciação anuais e, assim, fazer com que o lucro líquido pareça maior. Fazer isso é enganar os acionistas, pois, independentemente dos valores contábeis, o desgaste de fato sofrido durante o ano deve ser descontado dos lucros, e os valores computados devem ser coerentes.

Em certos casos muito raros, os encargos de depreciação são excessivos, seja porque são usadas taxas muito altas, seja porque os valores de base estão muito acima dos custos de reposição. Também, em determinados casos, se um investidor pode comprar ações apenas pelo valor do ativo circulante, sem pagar nada pela planta, ele se sente autorizado a ignorar ou a reduzir substancialmente a relevância dos encargos de depreciação da empresa ao fazer seus cálculos particulares. Considerações semelhantes se aplicam à provisão da empresa para a exaustão.

Os dados mais recentes sobre os valores reservados pelas empresas para a depreciação são de 1933. Nesse ano, 72 empresas do setor extrativista, como mineração, petróleo etc. relataram despesas somadas de depreciação, exaustão e obsolescência no valor de 7,1% do valor do patrimônio líquido em 31 de dezembro de 1932. Esse percentual pode ser considerado um padrão razoável para fins de comparação. Nas indústrias não extrativas, como manufatura etc., 80 empresas declararam encargos de depreciação e obsolescência em 1933 que representavam em média 4,5% do valor do patrimônio líquido. Trinta e sete empresas que atuam no comércio varejista apresentavam, nesse ano, encargos de depreciação e obsolescência que representavam em média 5,2% do valor do patrimônio líquido. Via de regra, cerca de 5% do valor do patrimônio líquido pode ser considerado um encargo de depreciação anual adequado para empresas que não atuam no setor extrativista.

# CAPÍTULO XXXI
# A SEGURANÇA DOS JUROS E DOS DIVIDENDOS PREFERENCIAIS

Na análise de um título de grau de investimento, a cobertura de encargos fixos é o principal critério. No caso de uma ação preferencial de alta classificação, o critério equivalente é a cobertura de encargos fixos mais dividendos preferenciais. É melhor considerar uma média de dez anos, mas, se um período mais curto for usado, é razoável desconsiderar anos completamente anômalos, como os de 1931 e 1932.

A seguinte "cobertura geral" mínima é recomendada para títulos com grau de investimento e ações preferenciais. (Esses valores são mais altos do que os normalmente prescritos, mas não há mal nenhum em ser conservador na escolha de investimentos.)

**MÍNIMO DE COBERTURA MÉDIA DE RENDIMENTOS**

|  | Índice de cobertura de encargos fixos | Índice de cobertura de encargos fixos mais dividendos preferenciais |
|---|---|---|
| **Serviços públicos** | 1¾ vez | 2 vezes |
| **Setor ferroviário** | 2 vezes | 2,5 vezes |
| **Setor industrial** | 3 vezes | 4 vezes |

No estudo da demonstração de resultado com vistas a investimento, é dada atenção aos seguintes fatores adicionais, entre outros: (1) coeficiente operacional — valor obtido pela divisão das despesas operacionais pela receita bruta. É uma medida da eficiência operacional da empresa, e também de sua capacidade de absorver reduções no volume ou no preço das vendas; (2) o coeficiente entre os encargos fixos (ou encargos fixos mais dividendos preferenciais) e a receita bruta; (3) os encargos de manutenção e de depreciação; e (4) a natureza e o valor dos encargos sobre o excedente não incluídos na demonstração de resultado.

Ao estudar esses números, devem ser feitas comparações entre diferentes empresas do mesmo ramo, e também entre os resultados da mesma empresa ao longo de sucessivos anos.

# CAPÍTULO XXXII
# TENDÊNCIAS

Uma mudança consistente em algum fator importante da demonstração de resultado durante um determinado período é conhecida como tendência. As tendências mais importantes, é claro, são as de cobertura de juros e dividendos preferenciais, e dos lucros disponíveis para as ações ordinárias, mas estas resultam, por sua vez, de tendências favoráveis ou desfavoráveis no faturamento bruto, no coeficiente operacional e nos encargos fixos.

Por razões óbvias, é desejável que uma empresa apresente uma tendência favorável nas receitas bruta e líquida. Os títulos de uma empresa que revelam uma tendência visivelmente desfavorável não devem ser comprados para investimento comum — por mais que a cobertura ainda se mantenha com folga —, a menos que você esteja convencido de que esta tendência será corrigida em breve. Por outro lado, existe o risco de se atribuir uma importância indevida a uma tendência favorável, pois também isso pode ser enganoso. No caso de títulos de investimento, convém esperar cautelosamente que o rendimento *médio* apresente uma cobertura satisfatória dos juros e dos dividendos preferenciais.

No momento da escolha de ações ordinárias, é adequado atribuir maior peso a essa tendência do que no momento da compra de títulos de investimento, pois uma ação ordinária pode aumentar substancialmente de preço se a tendência se mantiver. No entanto, antes de comprar uma ação ordinária por causa de uma tendência favorável, é bom fazer duas perguntas: (a) Qual o meu grau de certeza de que essa tendência favorável vai se manter; e (b) Qual o preço que antecipadamente estou pagando pela expectativa de manutenção dessa tendência?

# CAPÍTULO XXXIII
## PREÇO E VALOR DAS AÇÕES ORDINÁRIAS

Em termos gerais, o preço das ações ordinárias é regido pelos lucros futuros. Naturalmente, esses lucros futuros são uma questão de estimativa ou previsão; e o comportamento do mercado de ações neste ponto costuma ser regido por uma determinada tendência. Os parâmetros dessa tendência, por sua vez, são os históricos passados e os dados atuais, embora às vezes a expectativa de algum acontecimento inédito responda por uma boa parte.

Portanto, o preço das ações ordinárias vai depender não tanto dos rendimentos passados ou atual por si só, mas de como o público comprador de títulos pensa que serão os rendimentos futuros. (Existem também influências importantes de natureza geral ou técnica que afetam o preço das ações — como condições políticas, psicológicas e de crédito — que podem não estar intimamente relacionadas a qualquer estimativa de ganhos futuros; mas tais influências ou vão acabar por se refletir nos ganhos, ou então se mostrar apenas temporárias.)

No caso mais comum, o preço de uma ação ordinária é resultado de inúmeras estimativas de quais serão os ganhos nos próximos seis meses, no ano seguinte ou ainda mais adiante no futuro. Algumas dessas estimativas podem ser incorretas e outras podem ser extremamente precisas, mas o processo de compra e venda pelas muitas pessoas que fazem essas várias estimativas é o que determina majoritariamente o preço atual de uma ação.

A ideia aceita de que uma ação ordinária deve ser vendida de acordo com um determinado índice dos seus ganhos atuais deve ser considerada mais um resultado de uma necessidade prática do que da lógica. O mercado leva em consideração a tendência ou as perspectivas futuras, e esse índice varia de acordo com diferentes tipos de empresa. Ações ordinárias de empresas com poucas possibilidades de aumentar os lucros normalmente são vendidas a um índice preço-lucro bastante baixo (menos de 15 vezes seu rendimento atual); e as ações ordinárias de empresas com boas perspectivas de aumentar os lucros costumam ser vendidas com uma relação preço-lucro alta (mais de 15 vezes os lucros correntes). Assim, duas ações ordinárias podem apresentar o mesmo lucro por ação atual, podem pagar a mesma taxa de dividendos e estar em condições financeiras igualmente boas. Ainda assim, as ações da empresa ABC podem ser vendidas pelo dobro do preço das ações da empresa XYZ simplesmente porque os compradores de títulos acreditam que as ações da ABC vão render muito mais do que as da XVZ no ano imediatamente seguinte e nos posteriores.

Quando não há nem um *boom* nem uma crise profunda afetando o mercado, o julgamento do público sobre cada título em particular, conforme refletido pelos preços de mercado, costuma ser muito bom. Se o preço de mercado de algum título parecer em descompasso com os fatos e os números disponíveis, percebe-se mais tarde e com frequência que o preço está levando em conta acontecimentos futuros à primeira vista não aparentes. Há, no entanto, uma tendência recorrente do mercado de ações de superestimar a importância das mudanças nos rendimentos tanto em um sentido favorável quanto desfavorável. Isso se manifesta no mercado como um todo tanto em períodos de expansão quanto de retração, e também fica evidente no caso de empresas específicas em outros momentos.

No fundo, a habilidade de adquirir títulos — principalmente ações ordinárias — com êxito está ligada à capacidade de olhar para o futuro com precisão. Olhar para o passado, por maior que seja a dedicação envolvida, não será suficiente, e pode fazer mais mal do que bem. A escolha de ações ordinárias é uma arte difícil — naturalmente, pois oferece grandes recompensas a quem nela prospera. Ela demanda um equilíbrio intelectual habilidoso entre os fatos do passado e as possibilidades do futuro.

# CAPÍTULO XXXIV
# CONCLUSÃO

Nos capítulos que se seguiram, você pôde ver os diferentes fatores a serem levados em consideração na análise das demonstrações financeiras. Examinar estas demonstrações nos permite formar uma opinião sobre a situação atual e a respeito do potencial da empresa. O valor dos ativos, o potencial de rendimento da empresa, a posição financeira em comparação com outras empresas do mesmo setor, a tendência dos lucros e a capacidade da administração de se adequar a um ambiente em constante transformação, todos esses fatores exercem uma enorme influência no valor dos títulos da empresa.

No entanto, existem outros fatores que fogem ao controle da empresa cuja influência talvez seja igualmente relevante sobre o valor de seus títulos. As perspectivas para o setor, a condição dos negócios e do mercado de títulos em geral, períodos de inflação ou de crise, influências artificiais do mercado, uma preferência generalizada por determinado tipo de título — esses fatores não podem ser medidos em termos de índices e margens de proteção exatos. Eles só podem ser julgados por um conhecimento geral adquirido por meio do contato constante com notícias sobre a economia e o mercado financeiro.

O conhecimento sobre títulos está se tornando cada vez mais difundido entre o público em geral. Embora esse fato proporcione um campo cada vez mais amplo para corretores de ações, ele faz com que seja necessário um conhecimento cada vez mais preciso da parte deles.

O investidor que compra títulos quando o preço de mercado parece baixo de acordo com as demonstrações da empresa e os vende quando o preço parece alto de acordo com a mesma fonte de informação provavelmente não terá lucros espetaculares. Mas, por outro lado, deve evitar perdas espetaculares e recorrentes. A probabilidade de ele obter resultados satisfatórios ficará acima da média. E esse é o principal objetivo do investimento inteligente.

# PARTE II

# ANÁLISE DE BALANÇOS PATRIMONIAIS E DEMONSTRAÇÕES DE RESULTADO PELO MÉTODO DA ANÁLISE DE ÍNDICES

Uma série de índices usados na análise de demonstrações de resultado e balanços patrimoniais de uma empresa industrial são apresentados aqui a partir de um único exemplo — a saber, as demonstrações financeiras da Bethlehem Steel Corporation para o ano de 1928. Vários itens do balanço e da demonstração estão numerados. Isso facilitará a explicação subsequente sobre o método de cálculo dos índices. Por exemplo, a margem de lucro, o primeiro índice calculado neste estudo, é igual à receita operacional dividida pelas vendas. Na demonstração de resultado, a receita operacional é o item 4, e as vendas são o item 1. O método de cálculo da margem de lucro é expresso como (4) ÷ (1) ou, em valores reais, $ 27.271.108 ÷ $ 294.778.287 = 9,2%.

**BETHLEHEM STEEL CORPORATION (DEMONSTRAÇÃO DE RESULTADO DO ANO FISCAL ENCERRADO EM 31 DE DEZEMBRO DE 1928)**

| | |
|---|---:|
| **(1) Vendas** | 294.778.287 |
| **(2) Deduções — custo dos bens produzidos, despesas administrativas, de vendas e gerais, e impostos** | 253.848.844 |
| | 40.929.443 |
| **(3) Provisão para exaustão, depreciação e obsolescência** | 13.658.335 |
| **(4) Receita operacional** | 27.271.108 |
| Acréscimos — juros, dividendos e outras receitas diversas | 2.591.693 |
| **(5) Receita bruta** | 29.862.801 |
| **(6) Dedução — encargos de juros** | 11.276.879 |
| **(7) Receita líquida** | 18.585.922 |
| **(8) Dedução — dividendos sobre ações preferenciais** | 6.842.500 |
| **(9) Líquido disponível para ações ordinárias** | 11.743.422 |
| Dedução — dividendos sobre ações ordinárias | 1.800.000 |
| **(10) Transferido para o excedente** | 9.943.422 |

## BALANÇO PATRIMONIAL CONSOLIDADO DA BETHLEHEM STEEL CORPORATION de 31 DE DEZEMBRO DE 1928

### ATIVOS

**Ativos circulantes:**

| | | |
|---|---:|---:|
| (11) Caixa | 28.470.936 | |
| (12) Títulos do Tesouro Norte-Americano | 27.247.838 | |
| Títulos negociáveis diversos | 1.980.000 | |
| Ações preferenciais detidas por funcionários menos pagamentos na conta | 7.742.698 | |
| (13) Contas e notas a receber | 41.951.684 | |
| (14) Estoques | 61.539.137 | |
| (15) Ativo circulante total | | 168.932.293 |
| Ativos do fundo de reserva | | 6.917.227 |
| Títulos diversos, contratos de arrendamento e hipotecas | | 3.837.820 |
| Fundos administrados por agentes fiduciários | | 691.311 |
| Investimentos e adiantamentos a empresas afiliadas | | 8.654.700 |
| (16) Conta de propriedade | 654.731.533 | |
| (17) Menos a reserva para depreciação e exaustão | 200.408.672 | |
| (18) Conta de propriedade (líquida) | | 454.322.855 |
| **Ativo total** | | **$ 643.356.206** |

### PASSIVOS

**Passivos circulantes:**

| | | |
|---|---:|---:|
| Contas a pagar e passivos acumulados | 25.227.323 | |
| Juros acumulados sobre títulos | 2.998.122 | |
| Dividendos sobre ações preferenciais a pagar em 2 de janeiro e 1o de abril de 1929 | 3.447.500 | |
| Dividendos sobre ações ordinárias a pagar em 15 de maio de 1929 | 1.800.000 | |
| (19) Passivo circulante total | | 33.472.945 |

| | | | |
|---|---|---|---|
| (20) Dívida financiada | | | 199.421.172 |
| (21) Ação da Cambria Iron Company (rendimento anual de 4% a pagar) | | | 8.465.625 |
| Capital social, excedente e reservas: | | | |
| (22) 7% Ações pref. cumulativas, val. nom. $ 100 | | 100.000.000 | |
| (23) Ações ordinárias, val. nom. $ 100 | 180.000.000 | | |
| (24) Excedente | 114.922.652 | | |
| Reserva de contingência | 2.138.990 | | |
| Reserva de seguros | 4.934.822 | 301.996.464 | 401.996.464 |
| **Passivo total** | 643.356.206 | | |

(a) *Margem de lucro*
Receita operacional dividida pelas vendas.

Fórmula: (4) ÷ (1)
Neste caso: $ 27.271.108 ÷ 294.778.287 = 9,2%

Este índice é utilizado para determinar a eficiência operacional da empresa. O índice de 9,2% significa que, para cada dólar de vendas, sobram para a empresa 9,2 *cents* após o pagamento de todos os custos operacionais. Desses 9,2 *cents* (mais "outras receitas") devem ser pagos os juros de títulos, os dividendos preferenciais e ordinários, e (antigamente) um valor deveria ser reservado para o excedente.

(b) *Lucro sobre capital investido*
Receita total disponível para encargos de juros dividida pela soma dos títulos, ações preferenciais, ações ordinárias e o excedente auferido.

Fórmula: 5 ÷ (20 mais 21 mais 22 mais 23 mais 24)
Neste caso: $ 29.862,801 ÷ $ 602.809.449 = 4,95%

Isso significa que, em 1928, a empresa lucrava 4,95% do dinheiro investido no negócio. O percentual de lucro sobre o capital investido varia de acordo com o setor. A média de 25 companhias siderúrgicas neste mesmo ano foi um pouco acima dos 6%.

(c) *Índice de cobertura de juros*
Receita total dividida por encargos de juros.

Fórmula: (5) ÷ (6)
Neste caso: $ 29.862.801 ÷ $ 11.276.879 = 2,65

É geralmente aceito que uma empresa do setor industrial deva receber o total dos seus encargos de juros pelo menos 2,5 vezes em média. Preferimos um mínimo de três vezes para um título industrial de alto grau.

(d) *Índice de encargos de juros e dividendos preferenciais*
Receita total dividida pela soma dos encargos de juros com os dividendos sobre ações preferenciais.

Fórmula: 5 ÷ (6 mais 8)
Neste caso: 29.862.801 ÷ ($ 11.276.879 mais $ 6.842.500) = 1,65 vez

Acreditamos que o índice de encargos de juros mais dividendos preferenciais deve ser ganho integralmente quatro vezes, em média, para garantir a compra de uma ação preferencial industrial em uma base de investimento direto.

(e) *Lucro por ação ordinária*
Receita líquida disponível para ações ordinárias dividida pelo número de ações ordinárias em circulação.

Fórmula: (9) ÷ (23) (expresso em cotas)
Neste caso: $ 11.743.422 ÷ 1.800.000 = $ 6,52 por ação

(f) *Depreciação como um percentual do custo da planta*
Depreciação dividida pelo custo da planta.

Fórmula: (3) ÷ (16)
Neste caso: $ 13.658.355 ÷ $ 654.731.533 = 2,09%

Significa que a vida média de todos os itens na conta de propriedade (incluindo imóveis que durem para sempre) é estimada em 50 anos. O índice de 2,09% é um pouco menor do que a média de 2,7% para cerca de 13 companhias siderúrgicas em 1928.

Às vezes, para fins de comparação, é necessário calcular o coeficiente entre a depreciação anual e a conta da planta *líquida*.

Fórmula: (3) ÷ (18)
Neste caso: $ 13.658.355 ÷ $ 454.322.855 = 3,01%

(g) *Depreciação como um percentual das vendas da receita bruta*
Às vezes, esse índice também é útil para fins de comparação.

Fórmula: (3) ÷ (1)
Neste caso: $ 13.658.355 ÷ $ 294.778.287 = 4,63%

(h) *Receita líquida transferida para o excedente como um percentual da receita líquida disponível para dividendos*
Montante transferido para o excedente dividido pelo lucro líquido disponível para dividendos.

Fórmula: (10) ÷ (7)
Neste caso: 9.943.422 ÷ 18.585.922 = 53,5%

Cálculos desse tipo devem ser feitos sobre o resultado de uma sequência de anos. Só então poderão mostrar se a empresa tem seguido uma política de dividendos conservadora. Considera-se como regra geral que uma empresa do setor industrial deve transferir para o excedente (ou seja, reter no negócio) cerca de 30% a 40% do valor disponível para dividendos.

Devido ao novo Undistributed Profits Tax,[5] agora os valores retidos nos negócios provavelmente serão representados como capital social adicional. Para fins desse cálculo, esse capital social pode ser considerado como o equivalente a um acréscimo ao excedente.

---

5  Imposto sobre lucros retidos que vigorou nos Estados Unidos de 1936 a 1939. Taxava os rendimentos empresariais não distribuídos (retidos ou reinvestidos) [N. do T.].

(i) *Giro de estoque*
Vendas divididas pelo estoque.

Fórmula: (1) ÷ (14)
Neste caso: $ 294.778.287 ÷ $ 61.539.137 = 4,7 vezes por ano[6]

A Bethlehem Steel Corporation "gira" o seu estoque 4,7 vezes ao ano. Este é considerado um bom índice. O giro de estoque é importante porque, quanto mais vezes por ano uma empresa é capaz de girar seu estoque, menos capital fica investido em estoque e há menos risco de perda por meio de obsolescência de matéria-prima etc.

(j) *Média de dias das contas a receber em aberto*
Contas e notas a receber divididas pela média de vendas diárias.

Fórmula: (13) ÷ (1)/365
Neste caso, $ 41.951.654 ÷ $ 294.778.287/365 = 52 dias

Naquele ano, o período médio em que contas a receber ficavam em aberto era de 52 dias. Esse índice é usado para determinar a política de crédito da empresa.

(k) *Índices de capitalização*
*Capitalização de títulos*
Volume de títulos em circulação dividido pela soma dos títulos, ações preferenciais, ações ordinárias e excedente.

Fórmula: (20 mais 21) ÷ (20 mais 21 mais 22 mais 23 mais 24)
Neste caso: $ 207.886.797 ÷ $ 602.809.449 = 34,4%

As ações da Cambria Iron estão incluídas entre os títulos porque o pagamento do dividendo de 4% sobre as ações é garantido em consonância com o arrendamento das propriedades.

---

6   O giro real (ou físico) é calculado dividindo-se o estoque, computado ao custo, pelo custo dos bens vendidos. Fórmula: (2) ÷ (14). Nesse caso, o giro seria de 4,15 vezes.

*Capitalização de ações preferenciais*
Ações preferenciais divididas pela soma dos títulos, ações preferenciais, ações ordinárias e excedente.

Fórmula: 22 ÷ (20 mais 21 mais 22 mais 23 mais 24)
Neste caso: $ 100.000.000 ÷ $ 602.809.449 = 16,6%

*Capitalização de ações ordinárias e excedente*
Soma das ações ordinárias e do excedente dividida pela soma dos títulos, ações preferenciais, ações ordinárias e excedente.

Fórmula: (23 mais 24) ÷ (20 mais 21 mais 22 mais 23 mais 24)
Neste caso: $ 294.922.652 ÷ $ 602.809.449 = 49%

Em suma, a Bethlehem Steel Corporation está capitalizada da seguinte forma: 34,4% em títulos, 16,6% em ações preferenciais e 49% em ações ordinárias. Uma dada empresa do setor industrial não deve ter muito mais do que 25% a 30% de sua capitalização total em títulos. Cerca de metade da capitalização total deve ser representada por ações ordinárias e excedente.

O mesmo cálculo pode ser feito levando-se em conta as ações preferenciais e ordinárias a preços correntes de mercado, em vez de usar os valores contábeis somados ao excedente. Esse cálculo é conhecido como índice de valor da ação. A fórmula do índice de valor da ação para os títulos é: valor total de mercado das ações preferenciais e ordinárias ÷ valor nominal total dos títulos. A fórmula do índice de valor da ação para as ações preferenciais é: valor de mercado total das ações ordinárias ÷ soma do valor nominal total dos títulos mais o valor total de mercado das ações preferenciais.

(l) *Índice de liquidez*
Ativo circulante dividido pelo passivo circulante.

Fórmula: (15) ÷ (19)
Neste caso: $ 168.932.293 ÷ $ 33.472.945 = 5,04 para 1

Em outras palavras, a Bethlehem Steel Corporation tem US$ 5,04 no ativo circulante (ativos que, no curso normal dos negócios, terão sido transformados em caixa no prazo de um ano) para cada dólar no passivo circulante (passivos que, no curso normal dos negócios, terão que ser quitados no prazo de um ano). A proporção de 5,04 para 1 é satisfatória para uma companhia siderúrgica. O índice de liquidez varia amplamente entre diferentes setores, mas 2 para 1 é considerado o mínimo. (Ver tabela no Capítulo XIV.)

(m) *Índice de ativos líquidos*
Ativo circulante menos estoque dividido pelo passivo circulante.

Fórmula: (15 − 14) ÷ (19)
Neste caso: $ 107.393.156 ÷ $ 33.472.945 = 3,2 para 1

Em outras palavras, a empresa tem US$ 3,20 em ativos líquidos para cada dólar no passivo circulante. Este é um bom índice. Uma relação de 1 para 1 é considerada razoável.

(n) *Valor contábil das ações ordinárias*
Soma das ações ordinárias com o excedente dividida pelo número de ações ordinárias em circulação.

Fórmula: (23 mais 24) ÷ 23 (expresso em cotas)
Neste caso: $ 294.922.652 ÷ 1.800.000 = $ 164 por ação

É hábito excluir os ativos intangíveis (goodwill, patentes etc.) do valor contábil — ou seja, deduzi-los da soma das ações ordinárias com o excedente. O valor contábil de uma ação ordinária geralmente não é importante, mas pode ser de interesse quando o valor contábil for muito maior ou muito menor do que o preço de mercado.[7]

---

[7] Ver também o Capítulo XXIV – Valor de liquidação e valor líquido do ativo circulante.

(o) *Índice preço-lucro ou índice de mercado*

Preço de venda da ação dividido pelo lucro por ação. Em 15 de maio de 1929, a ação ordinária da Bethlehem Steel fechou a 105 5/8. 105 5/8 ÷ $ 6,52 = 16,2, o que significa que a ação estava sendo vendida a 16,2 vezes o lucro de 1928. Esse índice é usado para determinar se uma ação está com preço relativamente alto ou baixo, e como ponto de partida na análise comparativa.

# PARTE III

DEFINIÇÕES DE EXPRESSÕES
E TERMOS FINANCEIROS

*Ação "classe A" [Class A Stock]*. Nome dado a uma emissão de ações para distingui-la de alguma outra emissão de ações da mesma empresa, geralmente chamada de ação "classe B" ou simplesmente ação ordinária. A diferença pode estar nos direitos de voto, nos dividendos, nas preferências de ativos ou em outras disposições especiais sobre provisões de dividendos. Quando há preferência, ela geralmente é detida pelas ações "classe A", mas outras vantagens podem estar associadas tanto às emissões "classe A" quando a outras emissões de ações ordinárias.

*Ação preferencial cumulativa [Cumulative Preferred Stock]*. Ações preferenciais com direito a dividendos a uma taxa fixa e com direito a receber todos os dividendos não pagos em anos anteriores antes que as ações ordinárias recebam qualquer pagamento. Algumas emissões são cumulativas apenas na medida em que os dividendos tenham sido ganhos, mas não pagos, em qualquer ano. (Termo sugerido para estas: emissões de ganhos cumulativos.)

*Ações "blue chip" [Blue Chip Issues]*. Termo coloquial aplicado a ações cujo mérito de investimento é legítimo, mas que apresenta uma relação extraordinariamente alta entre o preço e os lucros e dividendos correntes, e que são líderes de mercado.

*Ações em tesouraria [Treasury Stock]*. Ações legalmente emitidas que foram readquiridas pela empresa por meio de compra ou doação.

*Ações infladas [Watered Stock]*. Ações com valor patrimonial líquido real consideravelmente inferior ao seu valor nominal ou declarado, porque parte do valor dos ativos incluído no balanço da empresa é fictício ou muito questionável.

*Ações preferenciais [Preferred Stock]*. Ações que tenham direito a dividendos (e/ou a ativos no caso de dissolução da empresa) até certo valor definido antes que as ações ordinárias tenham direito a qualquer coisa. Ver *Ações preferenciais cumulativas, ações preferenciais não cumulativas* e *emissões de participação*.

*Ações preferenciais não cumulativas [Non-Cumulative Preferred Stock]*. Ações preferenciais sujeitas à disposição de que se os dividendos não forem declarados em um determinado período, o titular perderá todos os direitos aos dividendos deste período. Quando os dividendos são cumulativos na medida do ganho, a emissão fica a meio caminho entre uma ação preferencial cumulativa direta e uma preferencial não cumulativa direta.

*Ações restritas [Restricted Shares]*. Ações ordinárias emitidas sob um acordo incomum pelo qual não são classificadas para dividendos até a concretização de determinado evento — geralmente o alcance de certo grau de rendimentos.

*Acordo de isenção fiscal [Tax Free Covenant]*. Acordo celebrado por uma empresa para pagar juros sem dedução de impostos federais que possam ser retidos por lei, geralmente até um determinado percentual máximo. Por disposição especial das leis de imposto de renda, o acordo significa que as empresas pagarão até dois por cento do valor dos cupons a título de imposto de renda.

*Acumulativo (dividendos) [Accumulative (Dividends)]*. O mesmo que *Cumulativo*.

*Alavancagem [Leverage]*. Condição para grandes variações no lucro por ação e no valor de mercado, decorrente do fato de que as ações ordinárias de uma empresa têm custos fixos ou deduções (juros e/ou dividendos preferenciais) relativamente pesados à sua frente. Pequenas mudanças percentuais no faturamento bruto ou nos custos operacionais afetarão os ganhos e o preço de mercado das ações ordinárias em uma proporção muito maior. Uma ação de alavancagem geralmente é vendida por um pequeno valor agregado em proporção ao valor total dos títulos seniores.

*Alienação prioritária [Prior Lien]*. Uma hipoteca que tem prioridade sobre outra hipoteca que incide sobre o mesmo bem. Uma alienação prioritária não precisa ser uma hipoteca de primeiro grau.

*Aluguel de equipamento [Equipment Rentals]*. Valores pagos por uma companhia ferroviária, geralmente a outra companhia ferroviária, pelo uso de material rodante. Esses pagamentos são feitos em uma base diária (*per diem*), de acordo com um cronograma padrão. Os valores pagos ou recebidos aparecem na demonstração de resultado da companhia ferroviária imediatamente após os impostos.

*Aluguel de instalações de uso conjunto [Joint Facility Rents]*. Nas demonstrações de resultado das companhias ferroviárias, representam os aluguéis pagos (d) ou recebidos pelas instalações do terminal ou outras propriedades semelhantes usadas em conjunto por várias companhias ferroviárias.

*Aluguel ou locação [Leasehold].* Direito de ocupar uma propriedade por um aluguel específico por um determinado período. Para se obter um aluguel de longo prazo com um valor vantajoso, normalmente o locador paga um adiantamento em espécie ao locatário (proprietário), no caso de um novo aluguel, ou ao antigo locador, caso o ponto esteja sendo repassado. No item "Aluguéis" do balanço patrimonial deve constar apenas esse valor em espécie, e ele deve ser amortizado pelo tempo de duração do contrato.

*Amortização [Amortization].* Processo de extinção gradual de um passivo, encargo diferido ou despesa de capital durante um período de tempo. Assim, (a) uma hipoteca é amortizada pagando-se periodicamente parte do valor nominal; (b) o desconto de títulos é amortizado cobrando-se periodicamente os ganhos de cada ano durante o qual os títulos estão vigentes com sua parcela adequada do desconto total; (c) os ativos fixos são amortizados por encargos de depreciação, de exaustão e de obsolescência.

*Ano fiscal [Fiscal Year].* Período de doze meses selecionado por uma empresa como base para calcular e reportar os lucros. Normalmente coincide com o ano civil (ou seja, termina em 31 de dezembro), mas às vezes difere dele. Os anos fiscais de muitas empresas de merchandising terminam em 31 de janeiro, para facilitar o inventário do estoque após o fechamento da temporada mais ativa, enquanto os anos fiscais de alguns frigoríficos terminam em 31 de outubro, pelo mesmo motivo.

*Arbitragem [Arbitrage].* Conclusão simultânea da compra e venda de valores mobiliários (ou mercadorias) com um spread de preços que gera lucro, possibilitado (1) pela existência de negociação de tais valores mobiliários ou mercadorias em mais de um mercado; ou (2) pela existência de dois valores mobiliários separados com termos de troca estabelecidos um para o outro. Exemplo de (1): venda no mercado de Londres e compra em Nova York simultaneamente, ou a United States Steel a um spread suficiente para cobrir despesas mais o lucro; exemplo de (2): venda simultânea no mesmo mercado de uma ação ordinária e a compra de um título ou ação preferencial atualmente conversível em uma proporção definida em tal ação, ou de "direitos" concedidos ao detentor mediante o pagamento de um valor fixo em dinheiro para aquisição dessas ações, sendo o spread de preços suficiente para cobrir despesas mais o lucro.

*Arras [Purchase Money Mortgages]*. Hipotecas emitidas em pagamento parcial de imóveis ou outras propriedades e com penhor sobre a propriedade adquirida. Eles são usados para contornar a "cláusula de propriedade após a aquisição" em títulos que uma empresa emitiu anteriormente.

*Artigos de associação [Articles of Association]*. Documento semelhante ao CNPJ ou ao contrato social que estabelece os termos sob os quais uma empresa é autorizada pelo Estado a fazer negócios.

*Ativo circulante [Current Assets]*. Ativos em dinheiro, que podem ser prontamente transformados em dinheiro, ou que serão convertidos em dinheiro com bastante rapidez no curso normal dos negócios. Inclui dinheiro em espécie, ativos de liquidez imediata, contas a receber com vencimento em um ano e estoque. (O correto é que o estoque de baixa rotação deve ser excluído do ativo circulante, mas não é comum que isso seja feito.)

*Ativo circulante líquido (Capital de giro) [Net Current Assets (Working Capital)]*. Ativo circulante depois de deduzido o passivo circulante.

*Ativo diferido [Deferred Assets or Deferred Clarkes]*. Ativos contábeis que representam determinados tipos de desembolsos que serão tratadas como despesas. Não são alocados imediatamente em nenhuma conta de despesas porque, na realidade, pertencem a operações de anos futuros. Inclui desconto de títulos não amortizados, despesas de abertura, despesas de desenvolvimento, publicidade, seguro e aluguel pré-pagos. Essas últimas despesas pré-pagas às vezes são chamadas de ativos pré-pagos.

*Ativo flutuante [Floating Assets]*. O mesmo que *Ativo circulante*.

*Ativo líquido, rápido ou flutuante [Liquid Assets/Quick Assets]*. O mesmo que *Ativo circulante*; no entanto, às vezes é aplicado aos ativos circulantes excluindo-se o estoque.

*Ativo perecível [Wasting Assets]*. Ativos fixos tangíveis sujeitos a exaustão por meio de remoção gradual no curso normal da operação da empresa (por exemplo, depósitos de metal, óleo ou enxofre, toras de madeira).

*Ativos [Assets]*. Recursos, propriedades ou direitos de propriedade pertencentes a uma empresa. Ver *Ativos de capital, ativos circulantes, ativos diferidos, ativos intangíveis* e *ativos tangíveis*.

*Ativos de capital ou ativos fixos* [*Capital Assets or Fixed Assets*]. Ativos de natureza relativamente permanente, mantidos para uso ou rendimento, e não para venda ou conversão direta em bens vendáveis ou dinheiro. Os principais ativos de capital são imóveis, instalações e equipamentos, muitas vezes referidos em conjunto como "conta da planta" ou "conta de propriedade". Ativos intangíveis, como goodwill, patentes etc., também são ativos de capital.

*Ativos de liquidez imediata* [*Cash Equivalents*]. Ativos detidos em lugar de dinheiro e conversíveis em dinheiro em um curto espaço de tempo. Exemplos: depósitos a prazo, títulos do tesouro e outras emissões com liquidez.

*Ativos fixos* [*Fixed Assets*]. Ver *Ativos de capital*.

*Ativos intangíveis* [*Intangible Assets*]. Ativos de capital (fixos) que não são de caráter físico nem financeiro. Inclui patentes, marcas registradas, direitos autorais, franquias, goodwill, arrendamentos e encargos diferidos, como desconto de títulos não amortizados. Esses ativos devem constar no balanço patrimonial com o devido valor, se for o caso, mas com frequência lhes são atribuídos valores puramente arbitrários.

*Ativos líquidos disponíveis* [*Net Quick Assets*]. O mesmo que *Ativo circulante líquido*, ou (de preferência) o ativo circulante líquido excluindo-se o estoque.

*Ativos pré-pagos* [*Prepaid Assets*]. Ver *Ativos diferidos*.

*Ativos tangíveis* [*Tangible Assets*]. Ativos de caráter físico ou financeiro, como por exemplo instalações, estoque, caixa, contas a receber, investimentos. Ver *Ativos intangíveis*.

*Auditoria* [*Audit*]. Exame da situação financeira e das operações de uma empresa, baseado principalmente nos livros contábeis, e realizado para comprovar informações ou para confirmar a veracidade do balanço patrimonial, da demonstração de resultado e/ou do lucro informado nessa demonstração. Ver também *Relatório certificado*.

*Balanço patrimonial* [*Balance Sheet*]. Relatório da situação financeira de uma empresa em uma data específica. Lista, em uma coluna, todos os ativos detidos e seus valores, e, em outra coluna, as reivindicações dos credores e o patrimônio dos proprietários. O valor total das duas colunas é sempre igual.

*Base* [*Basis*]. No caso de títulos, quer o rendimento até ao vencimento a um determinado preço, conforme apresentado nas Tabelas de Títulos, quer o preço correspondente a um determinado rendimento até ao vencimento.

*Cadastro Nacional de Pessoa Jurídica*. Certidão de constituição da empresa ou franquia emitida pelo Estado, autorizando legalmente a sociedade a exercer a atividade econômica prevista.

*Capital (de um negócio)* [*Capital (of a business)*]. (a) Em sentido restrito, o valor atribuído no balanço patrimonial às várias emissões de ações; (b) em sentido mais amplo, o investimento representado pelas emissões de ações e o excedente; e (c) em sentido ainda mais amplo, o mesmo que o anterior, mas acrescidas todas as obrigações de longo prazo. (Ver *Capitalização*.)

*Capital de giro* [*Working Capital*]. Os ativos circulantes líquidos. Encontra-se deduzindo o passivo circulante do ativo circulante.

*Capital próprio* [*Equity*]. O investimento dos acionistas em uma empresa, medido pelo capital e o excedente. Além disso, a proteção proporcionada a uma emissão sênior em razão da existência de um investimento júnior.

*Capitalização* [*Capitalization*]. Conjunto dos valores mobiliários emitidos por uma empresa, incluindo títulos, ações preferenciais e ações ordinárias. (Às vezes é uma questão de ponto de vista se uma obrigação de curto prazo deve ser considerada parte da capitalização ou um passivo circulante não capital. Se o vencimento for dentro de um ano, geralmente é considerado um passivo circulante.)

*Cautela de dividendo* [*Dividend Scrip*]. (a) Certificado que materializa um dividendo cautela. (Ver *Dividendos cautela*.) (b) Ações fracionadas, recebidas como dividendo. Essas ações fracionadas não dão direito a dividendos nem a poder de voto até que sejam combinadas em ações integrais.

*Certidão* [*Deed of Trust*]. Ver *Escritura*.

*Certificado de depósito bancário (CDB)* [*Certificate of Deposit*]. (a) Recibo de uma garantia depositada em um comitê de proteção ou para alguma finalidade, como um plano de recuperação judicial. Esses certificados de depósito, conhecidos como CDBs, geralmente são transferíveis e negociados como títulos. (b) O mesmo que depósito a prazo.

*Certificado de opção* [*Warrants*]. (a) Garantias ou opções de compra de ações. Direito de comprar ações, geralmente por um período de tempo mais longo do que os "direitos" de subscrição ordinários concedidos aos acionistas. Na maioria das vezes esses certificados estão vinculados a outros títulos, mas podem ser emitidos separadamente ou separados após a emissão. Os certificados de opção não desvinculáveis não podem ser negociados separadamente do título com o qual foram emitidos, podendo a opção ser exercida somente mediante apresentação do título original. Os certificados de opção são emitidos em processos de recuperação judicial ou concedidos à diretoria como forma de incentivo e de remuneração extra. (b) Um nome dado a certos tipos de obrigações municipais.

*Certificados de opção não desvinculáveis* [*Non-Detachable Warrants*]. Ver *Certificado de opção*.

*Cláusula "propriedades adquiridas posteriormente"* [*"After Acquired Property" Clause*]. Cláusula em um contrato de hipoteca que determina que propriedades adquiridas posteriormente pela empresa devedora servirão de garantia à hipoteca.

*Cláusula de aceleração* [*Acceleration Clause*]. Provisão em uma escritura de emissão de títulos que determina que a importância pode ser declarada devida antes do vencimento, em razão de inadimplência no pagamento de juros ou algum outro "evento de inadimplência".

*Cláusula ouro* [*Gold Clause*]. Cláusula presente em praticamente todos os títulos emitidos por muitos anos antes de 1933, de acordo com a qual o pagamento era prometido em dólares-ouro com o mesmo peso e unidade que existiam no momento em que a dívida foi contraída. Deixou de ser legal em 1933.

*Cobertura de dividendos* [*Dividend Coverage*]. O número de vezes que um dividendo foi ganho em um determinado período. A cobertura de dividendos preferenciais deve ser devidamente declarada apenas como o número de vezes que os encargos fixos combinados e os dividendos preferenciais foram ganhos. A cobertura de dividendos ordinários é declarada separadamente, mas o valor deve ser visto à luz das obrigações seniores.

*Cobertura de juros* [*Interest Coverage*]. O número de vezes que os encargos de juros são recebidos, determinado pela divisão dos encargos fixos (totais) pelos rendimentos disponíveis para esses encargos (antes ou depois da dedução de impostos).

*Comitê de proteção* [*Protective Committee*]. Comissão, normalmente organizada por iniciativa de detentores substanciais de um determinado título, para agir em nome de todos os proprietários desse título em questões relevantes relacionadas a disputas ou desentendimentos. A maioria dos comitês de proteção surge diante de uma recuperação judicial e cuida das questões a ela relativas. Outros podem se desenvolver meramente por causa de divergências de opinião em torno de alguma política básica, como por exemplo, entre a diretoria e determinados acionistas.

*Comutação* [*Switching*]. Processo de venda de um título detido atualmente e sua substituição por outro, para obter alguma vantagem esperada.

*Consolidação* [*Consolidation*]. Combinação de duas ou mais empresas para formar uma nova. Ver *Fusão*.

*Conta da planta* [*Plant Account*]. Ver *Conta de propriedade*.

*Conta de propriedade* [*Property Account*]. O custo (ou, às vezes, o valor de avaliação) de terrenos, edifícios e equipamentos adquiridos para a realização de operações comerciais. A *conta de propriedade líquida* representa o custo ou valor de avaliação desses ativos descontada a depreciação acumulada até o momento, ou seja, a conta de propriedade menos a depreciação acumulada até a data. Os termos *planta* e *planta líquida* são frequentemente usados com os mesmos respectivos significados, mas às vezes excluem terrenos ou ativos móveis, como equipamento de entrega.

*Contas a pagar* [*Bills Payable*]. Tecnicamente, ordens incondicionais emitidas a empresa para empresa ou pessoa física exigindo o pagamento de uma quantia em dinheiro. Na prática, geralmente representam empréstimos bancários a pagar.

*Cota do banqueiro* [*Banker's Shares*]. Nome dado aos certificados, geralmente emitidos por bancos, representando uma fração de uma ação depositada. O objetivo usual é criar uma emissão vendida a um valor inferior ao das cotas originais. Também chamado de *Cotas de depositário*.

*Cota do fiduciário* [*Trustee Shares*]. Ver *Cota do banqueiro*.

*Crédito* [*Credit*]. Ver *Débito e crédito*.

*Debêntures* [*Debentures*]. Obrigações de uma empresa garantidas apenas pelo crédito geral da empresa. Não gera nenhum ônus diretamente a propriedades específicas da corporação. (Às vezes aplicado, sem nenhum significado especial, a uma emissão de ações preferenciais.)

*Débito e crédito* [*Debit & Credit*]. Termos da contabilidade para descrever tipos de contas e lançamentos em balanços. Os lançamentos do lado esquerdo de uma conta são chamados de débitos, e os balanços que normalmente têm saldos do lado esquerdo (contas de ativos e contas de despesas) são chamados de balanços de débito. Um débito é feito em uma conta para registrar o aumento do valor de um ativo, uma redução em um passivo ou uma despesa. Os lançamentos no lado direito das contas são chamados de créditos, e os balanços com saldos do lado direito (contas de passivo, contas de patrimônio líquido e contas de receita ou lucro) são chamados de balanços de crédito. Um crédito é feito em uma conta para registrar uma redução no valor de um ativo, um aumento em um passivo ou uma receita ou lucro.

*Declaração de registro* [*Registration Statement*]. Formulários preenchidos por uma empresa (ou órgão governamental estrangeiro) junto à Comissão de Valores Mobiliários em consoante à oferta de novos valores mobiliários ou à listagem (registro) de valores mobiliários em circulação em uma bolsa de valores nacional. O *"prospectus"*, fornecido aos compradores potenciais de uma nova emissão, contém a maioria das informações fornecidas na declaração de registro, mas não todas.

*Déficit* [*Deficit*]. Quando aparece no balanço patrimonial, representa o valor pelo qual os ativos ficam aquém de igualar a soma dos passivos (reivindicações dos credores) e a reserva de capital. Quando aparece na demonstração de resultado, geralmente representa o valor pelo qual as receitas ficaram aquém de igualar despesas e encargos. "Déficit operacional" significa uma perda antes da dedução dos encargos fixos. "Déficit após dividendos" é autoexplicativo.

*Demonstração consolidada* [*Consolidated Statement*]. Relatório corporativo (balanço patrimonial e/ou demonstração de resultado) que combina as demonstrações individuais da empresa e de suas subsidiárias. As demonstrações consolidadas apresentam todo o grupo de empresas como se fosse uma única entidade.

*Demonstração de excedente [Surplus Statement].* Relatório financeiro resumindo as alterações no excedente durante o ano fiscal (ou outro período). Mostra o excedente no início do período, mais o lucro líquido do período, menos os dividendos declarados, mais ou menos quaisquer créditos extraordinários ou encargos contra o excedente. Consequentemente, a última linha do relatório exibe o excedente ao final do período. Esse relatório também é denominado *Demonstrativo de excedente* e *análise de excedente*.

*Demonstração de lucro e perda [Profit & Loss Statement].* Ver *Demonstração de resultado*.

*Demonstração de resultado [Income Account].* Relatório das operações durante um determinado período de tempo, resumindo as receitas ou os faturamentos e as despesas ou os custos atribuídos a esse período, e indicando o lucro ou o prejuízo líquido do período. Frequentemente chamada de *Demonstração de lucro e perda*.

*Depósito a prazo [Time Deposit].* Dinheiro depositado em um banco que pode ser retirado ao fim de um (curto) período, em vez de sob demanda, e que geralmente rende juros.

*Depreciação [Depreciation].* A perda de valor de um ativo de capital, devido a desgaste que não possa ser compensado por reparos comuns, ou por deixar o ativo se tornar obsoleto antes do seu desgaste completo. O objetivo do registro contábil da depreciação é a amortização do custo original de um ativo por meio de registros distribuídos de forma equitativa contra as operações ao longo de toda a sua vida útil. (Quando, em um determinado ano, a depreciação registrada nos livros é *menor* do que o que foi reinvestido nas instalações, o excedente pode ser chamado de "depreciação não gasta".)

*Depreciação não gasta [Unexpended Depreciation].* Ver *Depreciação*.

*Desconto de título [Bond Discount].* Nas demonstrações financeiras, representa o excesso de valor nominal de um título em relação ao valor líquido recebido pelo emissor. Esse desconto geralmente é amortizado ao longo da vida dos títulos. Na linguagem popular de investimento, representa o excesso do valor nominal de um título sobre seu preço de mercado atual. Um título "vendido com desconto" é aquele que está sendo vendido a um preço menor ou igual a 100. Por outro lado, um título "vendido com prêmio" está a um preço acima do valor nominal.

*Desconto de títulos não amortizados [Unamortized Bond Discount].* A parte do desconto de títulos original que ainda não foi amortizada ou baixada contra os ganhos.

*Desdobramento [Split-Up].* Divisão do capital social de uma sociedade em um maior número de cotas de participação, geralmente (no caso de ações com valor nominal) por redução do valor nominal representado por cada ação. Assim, um desdobramento pode consistir na emissão, em troca de cada ação ordinária de $ 100 de valor nominal em circulação, de quatro novas ações ordinárias de $ 25 de valor nominal. Às vezes recorre-se ao procedimento inverso, ou seja, o capital social é consolidado em um número menor de ações, ao se emitir apenas uma fração de uma nova ação em troca de cada ação antiga em circulação. Por falta de nome melhor, esse processo é normalmente chamado de *Desdobramento reverso.*

*Desembolsos vs despesas [Expenditures vs Expenses].* Desembolsos são despesas em dinheiro ou afins; normalmente, não envolvem nenhuma cobrança simultânea contra operações ou lucros (por exemplo, desembolsos de capital). Despesas são custos, ou seja, encargos sobre operações ou ganhos correntes; normalmente, não envolvem desembolso de dinheiro (por exemplo, provisões, depreciação).

*Desmembramento [Segregation].* Separação de uma ou mais subsidiárias ou divisões operacionais da *holding* ou empresa operacional, efetuada por meio da distribuição de ações da subsidiária aos acionistas da controladora.

*Despesa de desenvolvimento [Development Expense].* (a) O custo de desenvolvimento da fabricação ou de outros processos ou produtos para torná-los comercialmente utilizáveis. Novos empreendimentos tratam esses itens como ativos diferidos; empresas estabelecidas e bem-sucedidas os tratam com mais frequência como despesas correntes. (b) O custo de abrir um empreendimento de mineração — na maioria dos casos, tratado como um ativo diferido.

*Despesa de planta ociosa [Idle Plant Expense].* Custo de manutenção (incluindo a depreciação) de propriedades de manufatura não operacionais.

*Despesas capitalizáveis [Capitalizing Expenditures].* Determinados tipos de despesas que podem, por opção da empresa, ser tratadas como despesas correntes ou despesas de capital. Nesse último caso, a despesa aparece no balanço como um ativo, que é amortizado gradualmente ao longo de um período de anos. Exemplos deste tipo de despesa: custos de perfuração intangíveis (indústria petrolífera); despesas de desenvolvimento (indústria de mineração ou de manufaturas); despesas de abertura; despesas de oferta de títulos ou de emissão de ações etc.

*Despesas de abertura* [*Organization Expense*]. Custos diretos da formação de uma nova empresa, principalmente taxas e impostos de constituição e despesas jurídicas. Podem permanecer no balanço patrimonial como ativos diferidos; neste caso, vão sendo abatidas dos ganhos dos primeiros anos.

*Despesas de capital* [*Capital Expenditures*]. Despesas ou desembolsos em espécie ou equivalente realizados para aumentar ou melhorar os ativos de capital. Ver *Despesas de receita*.

*Despesas de prescrição ou reserva de prescrição* [*Retirement Expense or Retirement Reserve*]. (a) Na demonstração de resultado: os encargos contábeis usados por muitas empresas em vez de depreciação, para reunir as perdas devido à prescrição definitiva (sucateamento) de equipamento operacional. Pode levar em consideração todos os equipamentos possuídos, caso em que se aproximaria dos encargos de depreciação normais. Mais comumente, leva em consideração apenas o equipamento com probabilidade de entrar em desuso nos anos seguintes e, portanto, é geralmente menor do que os encargos de depreciação normais. (b) No balanço patrimonial: reserva de prescrição é uma reserva de avaliação que representa as despesas de prescrição acumuladas até a data. Semelhante à reserva de depreciação, para a qual é suposto ser uma substituta, mas frequentemente representa uma proporção menor do valor dos ativos pertinentes do que uma reserva de depreciação devidamente constituída.

*Despesas de receita* [*Revenue Expenditures*]. Despesas ou desembolsos de dinheiro ou afins realizados para manter o valor dos ativos (por exemplo, reparos, mas não melhorias) ou para obter receita corrente (por exemplo, compras de matéria-prima, folha de pagamento). Ver também *Despesas de capital*.

*Diluição* [*Dilution*]. Do ponto de vista de uma emissão conversível, é um aumento no número de ações ordinárias sem o correspondente aumento do patrimônio da empresa. A maioria das emissões conversíveis está protegida contra essa contingência por uma "cláusula antidiluição", que reduz o preço de conversão em caso de diluição.

*Direito* [*Right*]. Privilégio concedido a cada unidade de um título existente para a compra de novos títulos. Geralmente deve ser exercido dentro de um curto espaço de tempo, e é oferecido a um valor abaixo do preço de mercado atual. Ver também *Certificado de opção*.

## DEFINIÇÕES DE EXPRESSÕES E TERMOS FINANCEIROS 109

*"Direito de preferência"* [*"Preemptive Right"*]. O direito dos acionistas de adquirir ações adicionais ou outros títulos (geralmente títulos conversíveis em ações ordinárias) antes de que sejam vendidos a outros compradores. Os direitos de preferência costumam ser concedidos aos acionistas de acordo com as leis estaduais, mas podem ser estabelecidos no contrato ou no estatuto.

*Direito de subscrição* [*Stock Purchase Warrant*]. Ver *Certificado de opção*.

*Dispositivo de resgate* [*Callable Feature*]. Cláusula de um título que determina que ele pode ser resgatado antes do vencimento por opção da empresa — não do detentor. Esse dispositivo pode dar origem a diferentes valores em diferentes momentos. Também se aplica a ações preferenciais.

*Diversificação* [*Diversification*]. Disseminação do risco do investimento, dividindo os fundos a serem investidos entre uma série de emissões. Um fundo de investimento pode diversificar entre diferentes setores ou — com menos eficácia — entre diferentes empresas no mesmo setor; ou então em termos geográficos.

*Dívida efetiva* [*Effective Debt*]. Endividamento total de uma empresa, incluindo o valor do arrendamento anual ou outros pagamentos equivalentes a juros. (Tais podem não constar como parte da dívida financiada.) A dívida efetiva pode ser calculada capitalizando os encargos fixos (ver definição) à taxa devida. Quando as emissões de títulos de longo prazo acarretam uma taxa de cupom atipicamente alta ou baixa, a dívida efetiva pode ser considerada mais alta ou mais baixa do que o valor nominal.

*Dívida financiada* [*Funded Debt*]. Dívida representada por títulos, ou seja, por acordos formais por escritos que evidenciam a obrigação do mutuário de pagar um valor específico em um momento específico, com a devida taxa de juros. Inclui títulos, debêntures e notas, mas não empréstimos bancários.

*Dívida intercorporativa* [*Intercorporate Debt*]. Dívida de uma empresa a outra empresa que a controla, por ela controlada ou controlada pelos mesmos interesses que controlam o devedor.

*Dividendo em ações* [*Stock Dividends*]. Dividendos a pagar na forma de ações da empresa declarante, mas não necessariamente da mesma classe das ações que recebem o dividendo em ações.

*Dividendos cautela* [*Scrip Dividends*]. Dividendos pagos em notas ou outras promessas escritas de pagamento do respectivo valor em dinheiro em uma data posterior.

A data pode ser fixa, depender de certos acontecimentos, ou ficar inteiramente a critério da diretoria.

*Emissão conversível* [*Convertible Issues*]. Títulos que podem ser trocados por outros títulos de acordo com as disposições da escritura (obrigações), do contrato ou do estatuto (ações).

*Emissão júnior* [*Junior Issue*]. Emissão cuja reivindicação de juros ou dividendos, ou valor do principal, situa-se abaixo de outra emissão, chamada de emissão sênior. As hipotecas de segundo grau são juniores em relação às hipotecas de primeiro grau na mesma propriedade; uma ação ordinária é júnior em relação a uma ação preferencial etc.

*Emissão privilegiada* [*Privileged Issue*]. Título ou ação preferencial que tem uma conversão ou um direito de participação, ou um certificado de compra de ações vinculado a ele.

*Emissão sênior* [*Senior Issue*]. Ver *Emissão júnior*.

*Emissões de participação* [*Participating Issues*]. Títulos (muito raramente) ou ações preferenciais que dão direito a juros ou dividendos adicionais, acima da taxa regular, dependendo (a) do montante dos rendimentos, ou (b) do valor dos dividendos pagos sobre as ações ordinárias.

*Emissões garantidas* [*Guaranteed Issues*]. Títulos ou ações cuja importância, os juros, os dividendos, os fundo de amortização etc. são garantidos por outra empresa que não o emissor. As garantias geralmente são dadas por meio do arrendamento de um imóvel da companhia emissora a outra companhia, ou para facilitar a venda de valores mobiliários por uma companhia controlada por outra. O valor da garantia depende da posição de crédito e dos ganhos da empresa garantidora; no entanto, uma emissão garantida pode ser autônoma, por mais que a garantia em si seja questionável.

*Empresa controlada* [*Controlled Company*]. Uma empresa cujas políticas são controladas por outra por meio da propriedade de 51% ou mais de suas ações com direito a voto.

*Empresa-mãe* [*Parent Company*]. Ver *Holding*.

*Empréstimo civil* [*Civil Loans*]. Empréstimo contraído por uma instituição governamental — federal, estadual ou municipal.

*Encargos fixos [Fixed Charges]*. Encargos com juros e outras deduções equivalentes. Incluem aluguéis, dividendos garantidos, dividendos preferenciais de subsidiárias com prioridade sobre os encargos da matriz e amortização de desconto de títulos (a permissão anual para amortizar o desconto sobre títulos vendidos). Normalmente, aluguéis de edifícios não são considerados como encargos fixos, mas sim incluídos nas despesas operacionais.

*Encargos fixos capitalizáveis [Capitalizing Fixed Charges]*. Cálculo do valor principal de uma dívida que acarretaria os encargos fixos em questão. Método: dividir os encargos fixos pela data de juros presumida. Exemplo: encargos fixos de $ 100.000, capitalizados a 4%, rendem uma importância de *$ 100.000/0,04 = $ 2.500.000*.

*Escritura [Indenture]*. Documento legal preparado em conexão com uma emissão de títulos estabelecendo os termos desta, sua garantia específica, providências em caso de inadimplência, deveres do fiduciário etc. Também chamado de "contrato de fideicomisso".

*Especulação [Speculation]*. Operações financeiras de risco reconhecido, efetuadas com o objetivo de auferir benefícios em eventos futuros previstos.

*Estoque [Inventories]*. Ativos circulantes representados pelo estoque atual de mercadorias acabadas, mercadorias em processo de fabricação, matérias-primas usadas na manufatura e, às vezes, suprimentos diversos, como embalagens e suprimentos de transporte. Normalmente declarado pelo custo ou pelo valor de mercado, o que for menor.

*Estrutura de capital [Capital Structure]*. Divisão da capitalização em títulos, ações preferenciais e ações ordinárias. Quando estas representam toda ou quase toda a capitalização, a estrutura pode ser chamada de "conservadora"; quando representam uma pequena porcentagem do total, a estrutura é chamada de "especulativa".

*Exaustão [Depletion]*. Redução no valor de um ativo perecível devido à remoção de parte desse ativo, por exemplo, através da mineração de reservas de minério ou corte de madeira.

*Excedente [Surplus]*. Excedente de patrimônio líquido total, ou do patrimônio líquido sobre o valor nominal ou declarado do capital social e o valor das reservas de propriedade. Pelo menos parte desse excesso geralmente resulta de lucros retidos no negócio; esta parte é comumente chamada de *excedente auferido* ou de *excedente de lucro e perda*, para indicar sua origem. A parte do excedente proveniente de outras fontes (por exemplo, aumento nos valores de ativos fixos, queda no valor nominal ou declarado de emissões de ações de capital social ou venda de ações com um prêmio) é chamada de *excedente de capital*.

*Excedente auferido* [*Earned Surplus*]. Ver *Excedente*.

*Excedente de capital* [*Capital Surplus*]. Ver *Excedente*.

*Excedente de lucro e perda* [*Profit & Loss Surplus*]. Ver *Excedente*.

*Execução* [*Foreclosure*]. Processo legal de exigir o pagamento de uma dívida garantida por uma hipoteca, tomando as propriedades dadas como garantia e vendendo-as. Isso pode ser feito quando as parcelas ou os juros da hipoteca não forem pagos.

*Fator de segurança* [*Factor of Safety*]. Método para definir a cobertura de encargos fixos, como a porcentagem do saldo após os encargos fixos em relação aos encargos fixos. Exemplo: lucro disponível para juros, $ 175.000; juros, $ 100,00. Fator de segurança é igual a 175.000 — 100.000/100.000 = 75%. Fator de segurança é igual a (cobertura de juros — 1) × 100%. (Este termo está se tornando obsoleto.)

*Fatores qualitativos (em análise)* [*Qualitative Factors (in analysis)*]. Considerações que não podem ser expressas em números, como gestão, posição estratégica, condições de trabalho, perspectivas etc.

*Fatores quantitativos (em análise)* [*Quantitative Factors (in analysis)*]. Considerações que podem ser expressas em números, como a posição do balanço patrimonial, a demonstração de rendimentos, a taxa de dividendos, a configuração da capitalização, estatísticas de produção etc.

*Faturamento bruto* [*Gross Revenues or Gross Sales*]. Total de negócios realizados, sem dedução de custos ou despesas.

*Fiduciário* [*Trustee*]. Entidade a quem o título de propriedade foi transferido para benefício de outra parte. Assim, o fiduciário de uma emissão de um título hipotecário detém a hipoteca (ou seja, transfere para si a propriedade hipotecada) para o benefício, primariamente, dos detentores dos títulos. Enquanto administrador judicial de uma falência, ele detém o título das propriedades do falido (com certas exceções) para benefício, primariamente, dos credores do falido.

Um fiduciário também pode assumir obrigações não relacionadas com a posse direta das propriedades — por exemplo, deter a posse de um título não garantido (debênture).

*Fluxo satisfatório* [*Flush Production*]. Na indústria petrolífera, a grande produção gerada por novos poços de petróleo durante o primeiro período de sua vida. Esse período dura pouco tempo e é sucedido por uma "produção estável", em ritmo muito menor. Em uma análise, é importante não considerar os ganhos do fluxo satisfatório como permanentes.

*Fundo de amortização* [*Shrinking Fund*]. Acordo sob o qual parte de um título ou emissão de ações preferenciais é resgatada periodicamente antes de seu vencimento fixo. A empresa pode tanto comprar uma quantidade estipulada da própria emissão quanto fornecer fundos a um fiduciário para esse fim. O resgate pode ser feito a um preço fixo, por concurso, por compra no mercado aberto. O valor do fundo de amortização pode ser fixado em dólares, como uma porcentagem da emissão, ou ser baseado no volume de produção ou ganhos.

*Fundo de investimento* [*Investment Trust*]. Nome dado a uma empresa que investe seu capital em uma lista variada de títulos, com o objetivo de proporcionar aos seus acionistas os benefícios de ter gestão financeira especializada e diversificação. Termo impreciso, uma vez que praticamente todos esses empreendimentos hoje são empresas constituídas e não fundos fiduciários; e, também, porque muitas das compras podem ser de caráter especulativo, e não de investimento.

*Fundo fiduciário* [*Trust Funds*]. Fundo mantido por um fiduciário para o benefício de outrem. Os termos estabelecidos pelo criador do fundo regem o tipo de propriedade em que o fiduciário pode investir, seja restrito a "investimentos legais" ou deixado a critério do próprio agente.

*Fusão* [*Merger*]. Combinação em que uma empresa absorve uma ou mais empresas.

*Garantia conjunta e solidária* [*Joint and Several Guarantee*]. Garantia dada por mais de uma parte, de modo que cada parte é potencialmente responsável pelo valor total envolvido caso seus associados não cumpram com a respectiva cota.

*Garantia geral* [*Mortgage, General*]. Garantia sobre todos os bens fixos de uma empresa no momento da emissão, geralmente júnior em relação às garantias subjacentes.

*Garantia guarda-chuva* [*Mortgage "Blanket"*]. Normalmente igual à garantia geral. Pode ser aplicada mais especificamente a uma garantia que cobre uma série de propriedades isoladas.

*Goodwill*. Ativo intangível que visa refletir a capitalização dos lucros futuros excedentes que se espera acumular como resultado de alguma vantagem intangível especial detida, como bom nome, reputação, localização estratégica ou conexões especiais. Na prática, o valor pelo qual o goodwill é computado no balanço patrimonial raramente é uma medida precisa de seu valor real.

*Hedge*. Normalmente, um compromisso de entrega futura de uma commodity, a fim de evitar que o risco de variação do preço dessa commodity afete o custo das mercadorias já contratadas para fabricação e venda. Em operações no mercado de ações, o ato de comprar uma emissão conversível sênior e vender a descoberto a quantidade de ações ordinárias que pode ser obtida se o privilégio de conversão for exercido (ou outras operações semelhantes).

*Hipoteca garantida* [*Mortgage, Guaranteed*]. Hipoteca sobre um imóvel em que o pagamento da importância principal ou dos juros (geralmente de ambos) é garantido por uma empresa de garantia hipotecária ou uma empresa de fiança. Às vezes, toda a hipoteca é vendida com a garantia vinculada; frequentemente, uma ou mais hipotecas são depositadas com o fiduciário e são emitidos "certificados de hipoteca garantida" com a(s) hipoteca(s) como garantia.

*Holding* [*Holding Company*]. Empresa que possui todas ou a maioria das ações das subsidiárias. A distinção por vezes feita entre uma *holding* e uma empresa-mãe é que a empresa-mãe é uma empresa operacional que também possui ou controla outras empresas operacionais, enquanto a *holding* apenas detém ou controla empresas operacionais.

*Índice de lucro*. (Ver *Índice preço-lucro*.) A relação entre os ganhos anuais e o preço de mercado, no qual o preço é expresso como um produto dos lucros. No exemplo dado em *Taxa de Rendimento*, o índice preço-lucro seria de 8 1/3 para 1.

*Índice de valor da ação* [*Stock Value Ratio*]. (a) No caso de um título, o coeficiente entre o valor total de mercado do capital social de uma empresa e o valor nominal de sua dívida financiada. (b) No caso de ações preferenciais, o coeficiente entre o valor total de mercado das ações ordinárias e o valor nominal total de todos os títulos somados ao valor total de mercado das ações preferenciais.

*Índice operacional* [*Operating Ratio*]. No caso das companhias ferroviárias, é o índice apurado pela divisão da receita operacional total (ou faturamento bruto) pelas despesas operacionais excluídos os impostos. No caso dos serviços públicos, é geralmente definido como a razão entre as despesas operacionais, incluindo impostos e depreciação, e a receita total. O mesmo vale para o setor industrial, exceto pelo fato de que algumas empresas não incluem a depreciação e a maioria não inclui o imposto de renda nas despesas operacionais.

*Índice preço-lucro (P/L)* [*Price-Earning Ratio*]. Preço de mercado dividido pelo lucro anual atual por ação. Exemplo: ações vendidas a 84 e com lucro de $ 7 por ação têm uma relação preço por lucro de 12 para 1 (ou se diz que estão sendo vendidas a 12 vezes o lucro).

*Instituição emissora* [*House of Issue*]. Banco de investimentos que atua na subscrição e na distribuição de emissões de títulos.

*Instrumentos negociáveis* [*Negotiable Instruments*]. Determinados tipos de títulos de propriedade — por exemplo, dinheiro em espécie, cheques, notas promissórias, duplicatas, títulos de cupom — ao portador que não podem ser contestados quando nas mãos do devido titular e de boa fé. Ações não são instrumentos negociáveis, visto que certificados roubados podem ser recuperados de um portador indevido.

*Investimento de homem de negócios* [*Business Man's Investment*]. Investimento no qual se percebe certo grau de risco, mas que é visto como válido diante da probabilidade de aumento do valor nominal ou de um alto retorno de receita. (Em nossa opinião, a segunda interpretação é geralmente incorreta.) Esse termo se baseia na ideia de que um homem de negócios é financeiramente capaz de assumir algum risco e de acompanhar seus investimentos de maneira inteligente.

*Investimento direto* [*Straight Investment*]. Título ou ação preferencial limitado por definição na taxa de juros ou dividendos, adquirido exclusivamente para seu retorno de renda e sem referência a possível aumento de valor.

*Investimentos legais* [*Legal Investments*]. Títulos que estejam em conformidade com a legislação estabelecida por meio de decreto que rege os investimentos das caixas econômicas e dos fundos fiduciários em determinado Estado. Normalmente, os bancos centrais publicam anualmente uma lista de títulos considerados elegíveis para investimento por fundos de poupança e fundos fiduciários, comumente referidos como "legais".

*Itens não recorrentes [Non-Recurrent Items]*. Ganhos ou deduções de alguma fonte especial que provavelmente não aparecerão nos anos subsequentes. Esses itens devem ser separados dos ganhos ou deduções regulares na análise de um relatório. *Exemplos de ganhos não recorrentes*: lucro na venda de ativos de capital; dividendos especiais de subsidiárias; lucro no resgate de títulos; valor recebido em liquidação de litígios etc. *Exemplos de deduções não recorrentes*: prejuízo na venda de ativos de capital; baixa de estoque; despesas de planta ociosa (em alguns casos) etc.

*"Juro puro" ["Pure Interest"]*. Taxa de juros hipotética em um investimento sem risco. Varia de acordo com as condições gerais de crédito. Presume-se que a taxa de juros real de um determinado investimento seja composta pela taxa de juro puro mais um prêmio que reflita o risco assumido.

*Manutenção [Maintenance]*. Custos de manutenção e de reparo necessários para manter a planta e os equipamentos em condições operacionais eficientes.

*Manutenção diferida [Deferred Maintenance]*. A quantidade de reparos que deveriam ter sido feitos para manter as instalações em boas condições de funcionamento, mas que foram adiadas para algum momento futuro. Essa medida de negligência com os equipamentos não aparece nos relatórios corporativos, embora sua existência seja sugerida por gastos com manutenção drasticamente menores do que nos anos anteriores. É mais facilmente perceptível nas demonstrações de resultado das companhias ferroviárias.

*Margem de lucro [Margin of Profit]*. Receita operacional dividida pelas vendas. A depreciação é incluída nas despesas operacionais, enquanto os impostos sobre os rendimentos são excluídos. A receita não operacional recebida e os encargos com juros não são incluídos no cálculo da receita operacional.

*Margem de segurança [Margin of Safety]*. Em geral, o mesmo que cobertura de juros. Usado anteriormente em um sentido especial, para expressar a razão entre o saldo após os juros e os rendimentos disponíveis para os juros. Exemplo: se os juros forem cobertos 1¾ vez, a margem de segurança (nesse caso específico) é de ¾ ÷ 1¾ = 42 6/7%.

*Melhoramentos locativos [Leasehold Improvements]*. Custo de melhorias ou benfeitorias em propriedades alugadas por um determinado período. Essas melhorias normalmente se tornam propriedade do locatário (proprietário) ao fim do contrato;

consequentemente, seu custo deve ser amortizado pelo tempo de duração do contrato.

*Método "deduções prévias"* [*Prior Deductions Method*]. Método inadequado de cálculo de juros de títulos ou de cobertura de dividendos preferenciais. Os requisitos das obrigações seniores são primeiro deduzidos dos lucros e o saldo é aplicado aos requisitos da emissão júnior. Ver *Método geral*.

*Método de dedução cumulativa* [*Cumulative Deductions Method*]. Método ou cálculo de cobertura de juros de títulos que leva em consideração apenas os juros de títulos de classificação anterior ou igual à da emissão considerada. Os juros sobre títulos de categoria júnior são ignorados por esse método. Este método deve ser usado, se for o caso, apenas como um teste secundário, complementando o método "geral". Ver *Método geral*.

*Método geral* [*Over-All Method*]. Método adequado de cálculo de juros de títulos ou de cobertura de dividendos preferenciais. No caso dos juros de títulos, significa encontrar o número de vezes que os *encargos fixos totais* são cobertos. No caso de dividendos preferenciais, significa descobrir o número de vezes que o agregado de todos os *encargos fixos mais os dividendos preferenciais* é coberto. (No caso de uma emissão preferencial sênior contra outra emissão preferencial, os requisitos da emissão júnior podem ser omitidos.)

*Negociabilidade* [*Marketability*]. A facilidade com a qual um título pode ser comprado e vendido. Uma boa negociabilidade requer uma relação contínua e estreita entre os preços pedidos e oferecidos, suficientes para permitir a pronta compra ou venda em um volume justo.

*Negociação sobre o capital próprio* [*Equity, Trading on the*]. Quando um empresário pede dinheiro emprestado para o próprio negócio, para complementar seu capital próprio, diz-se que ele está "negociando sobre o capital próprio". A ideia subjacente é que se pode obter mais lucro sobre o capital emprestado do que os juros pagos sobre ele. A frase é às vezes usada no sentido específico do caso extremo em que a maior parte do capital é emprestado, e apenas uma pequena quantia é própria.

*Nominal efetivo* [*Effective Par*]. No caso das ações preferenciais, o valor nominal que normalmente corresponderia a uma determinada taxa de dividendo. Encontra-se capitalizando o dividendo a uma determinada taxa, digamos 6%. Exemplo: o valor nominal efetivo de uma ação preferencial de 2,40 seria 2,40/0,06 = 40. É útil ao lidar com emissões preferenciais sem valor nominal ou com as que possuem valor nominal não alinhado com a taxa de dividendos.

*Obrigação conversível [Convertible Bond]*. Título conversível em outros valores mobiliários a um preço ou índice predeterminados *à escolha do detentor*. Normalmente conversível em ações ordinárias da empresa, mas às vezes conversível em ações preferenciais ou mesmo em outros títulos. O detentor está na posição de credor da empresa, com o privilégio de lucros adicionais se a empresa for bem-sucedida.

*Obrigações de aluguel [Leasehold Obligations]*. A obrigação ou responsabilidade, inerente a um contrato de aluguel comercial, de se pagar um valor específico por um determinado período.

*Obrigações de proteção [Protective Covenants]*. Disposições em uma escritura de emissão de títulos ou que constam no estatuto e que afetam uma ação preferencial, (a) obrigando a empresa a não fazer determinada coisa tida como prejudicial à emissão ou, (b) estabelecendo soluções no caso de eventos desfavoráveis. *Exemplo de (a)*: acordo para não hipotecar a propriedade com prioridade em relação à emissão do título. *Exemplo de (b)*: a transferência do poder de voto para as ações preferenciais se os dividendos não forem pagos.

*Obrigações do equipamento ou certificados do equipamento [Equipment Obligations or Equipment Trust Certificates]*. Títulos, geralmente com vencimento em série, garantidos pelo penhor do material rodante de uma companhia ferroviária. Existem dois métodos usados para proteger o credor: (1) o Plano Filadélfia — agora quase universal (a titularidade do equipamento fica nas mãos do fiduciário até que todos os certificados sejam pagos, momento em que o título é transferido para a empresa); (2) o Plano Nova York (uma nota fiscal condicional é dada à instituição que emite os certificados; depois que os certificados forem quitados, a empresa recebe a propriedade definitiva).

*Obrigações garantidas [Collateral-Trust Bonds]*. Obrigações garantidas por outras obrigações (como ações ou títulos) depositadas com um fiduciário. O mérito real de investimento desses títulos depende (1) da responsabilidade financeira da empresa emissora e (2) do valor das garantias depositadas.

*Obsolescência [Obsolescence]*. A perda de valor de um ativo de capital resultante de incrementos no processo de fabricação ou de novas invenções que tornam o ativo comercialmente inutilizável. Além disso, o encargo contábil (geralmente parte do encargo de depreciação) necessário ao ajuste à provável perda futura de valor resultante dessas causas.

*Oferta pública "blue sky" ["Blue Sky" Flotations]*. Termo aplicado originalmente à promoção de empresas cujos títulos não têm valor nenhum. É assim chamado porque o comprador não recebe mais do que um *blue sky* ("céu azul") pelo seu dinheiro. Há leis estaduais e federais em vigor para prevenir tais ofertas. De acordo com a legislação, a oferta deste tipo de título é chamado de *blue-skying*.

*Ônus parcial [Divisional Liens]*. Termo geralmente aplicado a títulos garantidos pela hipoteca de um trecho de curta extensão de um sistema ferroviário. Se o trecho afetado pelo ônus for uma parte valiosa do sistema, a segurança específica é válida. Se o trecho for de baixo valor para o sistema, a segurança específica é insuficiente.

*Papéis confiáveis [Seasoned Issues]*. Títulos de grandes empresas estabelecidas que detêm boa reputação com o público investidor há um longo período, incluindo momentos bons e ruins.

*Paridade de conversão ou grau de conversão [Conversion Parity or Conversion Level]*. O preço da ação ordinária equivalente a uma determinada cotação para uma emissão conversível ou vice-versa. Por exemplo, se uma ação preferencial for conversível em três ações ordinárias e vendida a 90, a paridade de conversão para as ordinárias seria 30. Se a ação ordinária está sendo vendida a 25, a paridade de conversão para as preferenciais seria 75. Também pode ser chamado de *valor de conversão* das ações preferenciais.

*Participação minoritária [Minority Interest]*. Em uma demonstração de resultado consolidada, representa a participação ou o patrimônio líquido dos acionistas minoritários de uma subsidiária nos lucros dessa subsidiária. Em um balanço patrimonial consolidado, representa a participação ou o patrimônio líquido desses acionistas minoritários no patrimônio líquido da subsidiária.

*Passivo [Liabilities]*. Cobranças conhecidas contra uma empresa. Em sentido mais restrito, inclui apenas as cobranças dos credores, ou seja, exclui as cobranças dos proprietários representados pelas contas de capital social, excedente e reserva de propriedade. Em sentido mais amplo, inclui todos os itens na coluna da direita do balanço patrimonial.

*Passivo circulante* [*Current Liabilities*]. Cobranças conhecidas contra a empresa que deverão ser pagas no prazo de um ano.

*Passivo contingente* [*Contingent Liabilities*]. Passivo indefinido tanto quanto ao valor quanto ao momento em que irá ocorrer. Exemplos: valores envolvidos em processos judiciais ou disputas fiscais; passivos dados como garantia.

*Patrimônio líquido* [*Net Worth*]. Montante disponível para os acionistas conforme demonstrado nos livros. É composto de capital, excedente e reservas equivalentes ao excedente. É comum que sejam incluídos os ativos intangíveis conforme aparecem nos livros e, nessa medida, difere do "valor contábil" das ações.

*Pirâmide* [*Pyramiding*]. Em operações no mercado de ações, a prática de usar lucros não realizados no papel em negociações marginais para fazer compras adicionais. Em finanças corporativas, a prática de criar uma estrutura de capital especulativo por meio de uma série de holdings, de modo que uma quantidade relativamente pequena de ações com direito a voto na empresa-mãe controla um grande sistema corporativo.

*Planta líquida* [*Net Plant*]. Ver *Conta de propriedade*.

*Potencial de rendimento* [*Earning Power*]. Originalmente, a taxa de rendimento considerada "normal" ou razoavelmente provável para a empresa ou título em particular. Deve se basear tanto nos registros passados quanto em uma garantia razoável de que o futuro não será muito diferente do passado. Consequentemente, empresas com alto grau de oscilação nos registros ou com incerteza em relação ao futuro podem não ser logicamente consideradas como tendo um potencial de rendimento bem definido. No entanto, o termo é usado de maneira vaga para se referir aos ganhos médios durante um determinado período, ou para se referir à taxa de rendimento *atual*.

*Preço de conversão* [*Conversion Price*]. Preço das ações ordinárias equivalente a um preço de 100 para um título conversível ou uma ação preferencial conversível de $ 100 de valor nominal. Por exemplo, se um título de $ 1.000 é conversível em quarenta ações ordinárias, o preço de conversão das ações ordinárias é de $ 25 por ação.

*Prêmio sobre o capital social* [*Premium on Capital Stock*]. Excesso de dinheiro ou afins recebido pelo emissor sobre o valor nominal do capital social emitido para esse fim.

*Prêmio sobre títulos* [*Premium on Bonds*]. Excesso do preço de mercado de um título, ou do valor recebido pelo emissor, em relação ao seu valor nominal.

*Privilégio de conversão* [*Conversion Privilege*]. Ver *Emissões conversíveis*.

*Privilégio de escala* [*Sliding Scale Privilege*]. Privilégio de conversão ou compra de ações em que o preço muda (quase sempre desfavoravelmente para a emissão sênior) com o passar do tempo ou com o exercício do privilégio por um determinado montante da emissão.

*Procuração* [*Proxy*]. Autorização dada pelo detentor de valor mobiliário a um terceiro para que este vote na composição da diretoria ou em qualquer questão levada a voto.

*Prospectus*. Documento que descreve a emissão de um novo título; em especial, a descrição detalhada que deve ser fornecida aos compradores potenciais nos termos do *Securities Act* de 1933.

*Provisão* [*Accruals*]. Despesa debitada das operações correntes, mas que não exige pagamento em dinheiro até uma data futura. Desta forma, os juros dos títulos podem ser provisionados nos livros de caixa mês a mês, embora sejam pagos apenas em intervalos de seis meses. Também pode se referir a itens de crédito, como os juros provisionados sobre os títulos detidos.

*"Quando emitida"* [*"When Issued"*]. Termo aplicado a negociações de títulos com emissão proposta no âmbito de alguma recuperação judicial, fusão ou novo esquema de capitalização. A frase descritiva completa é *"when, as, and if issued"* ("quando, como, e se emitida"). Se o plano for abandonado ou alterado materialmente, as negociações *"when issued"* se tornam nulas.

*Receita bruta* [*Gross Income*]. Às vezes usado como sinônimo de faturamento bruto. Com mais frequência, representa um valor intermediário entre o faturamento bruto e o lucro líquido.

*Recuperação* [*Receivership*]. Operação de uma empresa por um agente estabelecido pela justiça, sob orientação do tribunal, geralmente decorrente da incapacidade da empresa de cumprir suas obrigações à medida que estas vencem. Existem diferenças técnicas entre (a) uma recuperação judicial, (b) uma recuperação extrajudicial e (c) uma falência.

*Relatório certificado* [*Certified Report*]. Relatório corporativo (balanço patrimonial e/ou demonstração de resultado), cuja veracidade é atestada por um contador público credenciado, em decorrência de uma auditoria independente. É sempre aconselhável analisar cuidadosamente o certificado do contador anexado ao relatório, uma vez que as auditorias variam muito quanto ao escopo, e determinada auditoria pode estar sujeita a limitações e ressalvas relevantes.

*Rendimento* [*Yield*]. O retorno de um investimento, expresso como uma porcentagem do custo. O *rendimento direto* ou *rendimento atual* é obtido dividindo-se o preço de mercado pela taxa de dividendos em moeda (para ações) ou pela taxa de juros (para títulos). Este cálculo ignora o fator de vencimento ou a possível opção de compra a um preço superior ou inferior ao de mercado. O *rendimento amortizado* ou *rendimento até o vencimento* (de um título) leva em consideração o eventual ganho ou perda da importância principal a ser concretizado por meio do reembolso no vencimento. Quando um título é resgatável antes do vencimento, o rendimento amortizado pode ser menor caso ocorra o resgate. O verdadeiro rendimento amortizado deve ser o menor demonstrado em qualquer hipótese de resgate.

*Rendimento do dividendo* [*Dividend Yield*]. Valor percentual obtido pela divisão da taxa de dividendos pelo preço de mercado. Exemplo: se uma ação que paga $ 4 anualmente é vendida a $ 80, o rendimento do dividendo é de 4/80 = 5%.

*Reserva de avaliação* [*Valuation Reserves*]. Reservas estabelecidas (a) para indicar uma redução no valor dos ativos aos quais pertencem, ou (b) para prever uma incapacidade razoavelmente provável de cumprimento com o valor total. *Exemplo de (a):* reservas de depreciação e de exaustão; reserva para reduzir os títulos de propriedade ao valor de mercado. *Exemplo de (b):* reserva de inadimplência.

*Reserva de contingência* [*Contingency Reserves*]. Reserva estabelecida a partir de ganhos ou excedentes para cobrir possíveis perdas futuras ou processos contra a empresa cuja probabilidade está bastante em aberto (por exemplo, possível declínio futuro no valor de mercado do estoque ou dos títulos negociáveis detidos). Na maioria dos casos, pode ser considerada como parte do excedente, mas às vezes indica perdas ou processos *prováveis*, bem como os meramente possíveis.

*Reserva de depreciação [Depreciation Reserve].* Lastro que reflete a depreciação contábil total até o presente — e, portanto, indicando a parte expirada da vida útil — dos ativos aos quais pertence. Uma reserva de depreciação de $ 200.000 contra um ativo de $ 1.000.000 indica não que o valor de revenda atual do ativo seja de $ 800.000, mas sim que cerca de 20% da vida útil do ativo já deve ter expirado.

*Reserva de exaustão [Depletion Reserve].* Lastro que reflete a exaustão total até o presente dos ativos aos quais pertence (geralmente recursos minerais ou madeireiros). A dedução desta reserva do ativo do balanço correspondente indica a valorização da sociedade sobre o que resta do ativo, ou seja, o seu valor líquido.

*Reserva de passivo [Liabilities Reserve].* Reserva ou cobrança contra uma empresa que representa um passivo cuja existência é inquestionável, mas cujo valor exato ainda não pode ser determinado (por exemplo, reserva para impostos).

*Reserva de propriedade [Proprietorship Reserves].* Reservas constituídas como segregação do excedente, que servem apenas para estabelecer parte do patrimônio líquido como não passível de distribuição a título de dividendos em dinheiro. Inclui a maior parte das reservas de contingência e também reservas de fundos de amortização e de melhoramentos da planta. Representam não passivos, mas sim patrimônio.

*Reservas [Reserves].* Compensações contra valores de ativos totais ou específicos, estabelecidos na contabilidade (a) para reduzir ou reavaliar ativos, (b) para indicar a existência de passivos geralmente de quantia indefinida, ou (c) para destinar parte do excedente para algum uso futuro. Ver *Reserva de avaliação, reserva de passivo* e *reserva de propriedade*. Mais especificamente, as *reservas não representam ativos, mas sim reivindicações ou deduções de ativos. Os ativos reservados para compor as reservas devem ser chamados de "fundos de reserva".*

*Royalties.* Pagamento feito (a) pelo uso de uma patente, (b) ao proprietário de terras de petróleo ou gás por aqueles que extraem petróleo ou gás delas, ou (c) ao autor de um livro, peça de teatro etc.

*Subsidiária [Subsidiary].* Empresa controlada por outra empresa (chamada de empresa-mãe) por meio da propriedade de pelo menos a maioria de suas ações com direito a voto.

*Taxa de lucro [Earnings Rate].* O lucro anual declarado por ação, ou (com menos frequência) como uma porcentagem do valor nominal.

*Taxa de rendimento* [*Earning Yield*]. A relação entre o preço de mercado e os ganhos anuais. Exemplo: uma ação que rende $ 6 por ano e que é vendida a 50 apresenta uma taxa de rendimento de 12%. Ver também *Índice preço-lucro*.

*Tendência* [*Trend*]. Uma mudança persistente (por exemplo, nos ganhos) em uma determinada direção durante um determinado período. Deve-se ter cuidado ao projetar uma tendência de ganhos do passado no futuro.

*Tendência secular* [*Secular Trend*]. Movimento de longo prazo — por exemplo, de preços, de produção etc. — em uma determinada direção. O oposto de *variações* ou *flutuações sazonais*.

*Título* [*Bond*]. Certificado de dívida que (a) representa uma parte de um empréstimo feito a uma empresa ou entidade governamental, (b) sobre a qual incorrem juros, e que (c) vence em uma data futura determinada. Raramente uma emissão de títulos pode deixar de possuir uma dessas características. Títulos de curto prazo (geralmente com duração de cinco anos ou menos a partir da data de emissão) são chamados de Notas.

*Título de ajuste* [*Adjustment Bonds*]. Ver *Título de receita*.

*Título direto* [*Bonds, Straight*]. Título em conformidade com o padrão típico; ou seja, (a) com o direito inalienável de reembolso de uma importância fixa em uma data fixa, (b) com o direito inalienável de recebimento de juros fixos em datas fixas, (c) sem participação em ativos ou lucros, e sem voz na gestão.

*Título subjacente* [*Bonds, Underlying*]. Título que têm precedência sobre outro(s) título(s). Geralmente detêm a hipoteca de primeiro grau sobre a propriedade de uma empresa que também está comprometida com outra hipoteca.

*Títulos de capital* [*Equity Securities*]. (a) Qualquer emissão de ações, preferenciais ou ordinárias. (b) Mais especificamente, uma ação ordinária ou qualquer emissão equivalente a ela por ter uma participação virtualmente ilimitada nos ativos e ganhos da empresa (após reivindicações anteriores, se houver).

*Títulos de renda* [*Income Bonds*]. Títulos cujo pagamento de juros depende dos rendimentos. Em alguns títulos, parte dos juros é fixada e parte depende dos rendimentos de outros fatores. Os títulos de renda às vezes são chamados de títulos de ajuste.

*Títulos em série [Serial Bonds].* Emissão de títulos determinando que certas partes tenham datas de vencimento sucessivas, em vez de uma única data. Os vencimentos em série ocorrem com espaçamento de um ano.

*Truste de equipamento [Equipment Trust].* Acordo relacionado à propriedade ou ao controle de equipamentos (geralmente material rodante de companhias ferroviárias) por um fiduciário, sob o qual são emitidos certificados ou títulos de fideicomisso de equipamento. Frequentemente usado para se referir aos certificados de truste de equipamento.

*Truste de votação [Voting Trust].* Acordo pelo qual os acionistas cedem seus direitos de voto (geralmente apenas para composição da diretoria) a um pequeno grupo de indivíduos chamados de agentes fiduciários de voto. Os certificados de ações originais são registrados em nome dos agentes fiduciários de voto e mantidos em fideicomisso, recebendo os acionistas outros certificados, denominados "certificados de voto fiduciário". Em geral, trustes de votação têm duração de cinco anos. Normalmente são mantidos com os titulares todos os privilégios dos títulos depositados, exceto o direito de voto.

*Valor contábil [Book Value].* (a) De um ativo: o valor pelo qual ele está registrado nos livros contábeis da empresa. (b) De uma emissão de ações ou títulos: o valor dos ativos disponíveis para essa emissão, conforme declarado nos livros contábeis, após descontados todos os passivos. Geralmente é declarado tanto por ação quanto por título de $ 1.000. A prática costumeiramente aceita exclui intangíveis no cálculo do valor contábil, que é, portanto, o mesmo que "valor de ativo tangível".

*Valor de continuidade da operação [Going Concern Value].* O valor de uma empresa considerada como um negócio operacional e, portanto, com base no seu potencial de rendimento e em suas perspectivas, não na liquidação de seus ativos.

*Valor de liquidação [Break-up Value].* No caso de um fundo de investimento ou emissão de uma holding, o valor dos ativos disponíveis para a emissão, considerando todos os títulos pelo seu preço de mercado.

*Valor de liquidação [Liquidating Value].* O montante que estaria disponível a título de garantia caso o negócio fosse encerrado e os ativos transformados em dinheiro. É menor que o "valor contábil", porque deve ser feita uma provisão para a redução no valor dos vários tipos de ativos caso sejam vendidos em um curto espaço de tempo.

*Valor declarado (do capital social)* [*Stated Value (of Capital Stock)*]. Quantia atribuída ao capital social sem valor nominal no balanço patrimonial. Pode ser uma quantia puramente arbitrária ou nominal, ou o preço de emissão, ou o valor contábil das ações. (Em alguns estados, as ações de valor nominal podem receber um valor declarado inferior ao valor nominal.)

*Valor do ativo* [*Asset Value*]. O mesmo que a definição (b) de *valor contábil*.

*Valor do ativo circulante* [*Current Asset Value*]. Valor do ativo circulante somente aplicável a um determinado título, após dedução de todos os passivos. Normalmente declarado tanto por ação quanto por título de $ 1.000.

*Valor do ativo de caixa* [*Cash Asset Value*]. O valor dos ativos (em espécie e de liquidez imediata) correspondente a uma determinada emissão, após a dedução de todos os passivos anteriores. Normalmente estabelecido ou por ação ou por título de $ 1.000. O valor do ativo de caixa de uma ação às vezes é declarado sem que os passivos sejam deduzidos dos ativos de caixa. A isto deve ser chamado "valor bruto do ativo de caixa", e é um cálculo útil apenas quando os outros ativos excedem todos os passivos anteriores.

*Valor intrínseco* [*Intrinsic Value*]. O "valor real" por trás de um título emitido, em comparação com seu preço de mercado. É um conceito geralmente bastante indefinido; às vezes, no entanto, o balanço patrimonial e a demonstração de rendimentos fornecem evidências confiáveis de que o valor intrínseco é substancialmente maior ou menor do que o preço de mercado.

*Variações ou flutuações sazonais* [*Seasonal Variations or Fluctuations*]. Mudanças nos resultados operacionais em função da época do ano. Deve-se levar em consideração esses fatores ao interpretar os resultados mostrados durante parte do ano.

*Venda a descoberto* [*Short Sale*]. Venda de uma ação que não se detém. A entrega ao comprador é feita mediante o empréstimo das ações de um proprietário, que recebe como garantia o dinheiro em valor igual ao preço de mercado e assim é mantido. Após a compra final das ações pelo vendedor a descoberto, o certificado então recebido é repassado ao credor, e o dinheiro depositado com ele é devolvido.

*Votação cumulativa* [*Cumulative voting*]. Acordo pelo qual cada ação pode depositar um número de votos em um diretor equivalente ao número de diretores a serem eleitos. Seu efeito é permitir que uma minoria substancial eleja um ou mais diretores. Obrigatória em alguns estados (por exemplo, na Pensilvânia e em Michigan), e, em outros, determinado pelo estatuto das empresas.